土木系　大学講義シリーズ 8

土木材料学（改訂版）

工学博士　三　浦　　尚

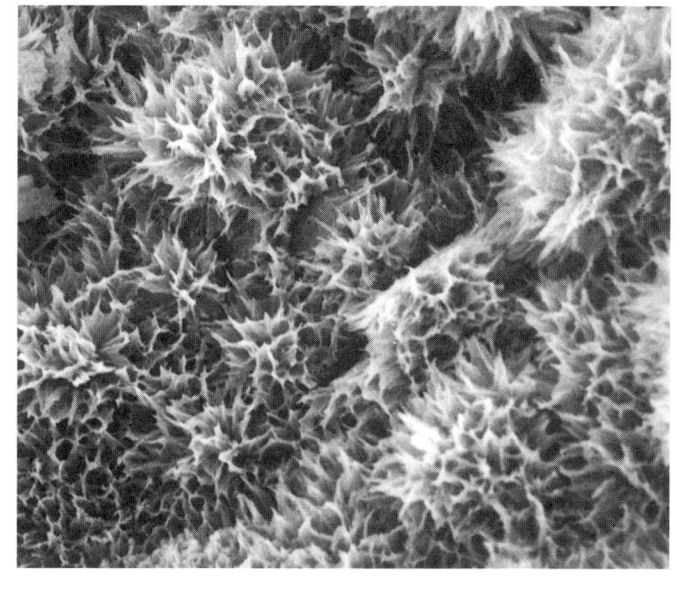

コロナ社

土木系　大学講義シリーズ　編集機構

編集委員長

伊　藤　　　學　(東京大学名誉教授　工学博士)

編集委員（五十音順）

青　木　徹　彦　(愛知工業大学教授　工学博士)
今　井　五　郎　(元横浜国立大学教授　工学博士)
内　山　久　雄　(東京理科大学教授　工学博士)
西　谷　隆　亘　(法政大学教授)
榛　沢　芳　雄　(日本大学名誉教授　工学博士)
茂　庭　竹　生　(東海大学教授　工学博士)
山　﨑　　　淳　(日本大学教授　Ph. D.)

(2007年1月現在)

扉の写真は
コンクリートの電子顕微鏡写真
かんらん岩とセメントペースト界面の生成物
(材齢1年, 20℃養生, 2 000倍)

改訂版のはしがき

　土木構造物はつねになんらかの材料によってつくられているものであり，よい構造物をつくるためには，よい設計と同時に使用する材料の正しい選択がたいへん重要となる。したがって，土木材料学の知識のない人には，よい土木構造物をつくることはできないし，よい計画をたてることもできない。

　一方，最近は土木構造物の機能に対する要求は増加する一途であり，新しい技術や各種の付属物が採用されることが多くなった。それに伴って，土木構造物に用いられる材料の種類も多くなり，現在用いられている土木材料を1冊の本ですべてとり上げるためには，いくらページ数があっても足りないことになる。そのため本書では，これらの土木材料のうち，主として比較的多く用いられる物のみに限定して説明を加えた。すなわち，コンクリート，鋼材，歴青材料，木材，石材，コンクリート工場製品，合成樹脂である。また，内容的にも現在の土木技術者が，土木材料の一般的知識として最低知っておくべきと思われる程度のことしか含まれていない。したがって，より専門的なことについては，それぞれの専門書を参照されたい。

　本書は全体の9割以上が，コンクリート技術者が知っておくべきと思われる内容になっている。コンクリート技術者は，コンクリート中に埋め込むための鋼材についても十分理解しておかなければならず，仮設材として木材の知識も必要である。骨材となる石材についても，もちろんある程度は知っておかなければならない。

　以上のように，本書は一般の大学・土木系の学生が土木材料学の初歩を学ぶための教科書となると同時に，一方では，コンクリート技術者がコンクリートに関連する事項の一般的知識を得るための参考書ともなるようにと考えてまとめたものである。その他の，本書の特徴は以下のとおりである。

　（1）　土木材料学の教科書であると同時に，コンクリート工学の教科書とし

ても使えるよう意図してある。

（2） 設計等の実務における材料選択がやりやすいように，工場製品についてはできるだけそれらの形状寸法を示してある。

（3） 用語の説明を多くし，索引によってその部分を調べやすくすることにより，その用語の意味をいつでも理解できるようにしてある。

（4） 専門用語には英語をつけ，これらを同時に覚えることにより，将来，英文の専門書や資料を理解するための手助けとなることを意図してある。

（5） 単位はすべてSI単位に統一してある。

また，土木材料の性質を調べるためには定められた各種の試験があり，本来ならば土木材料学を学ぶためにはこれらの試験法をも理解していることが望ましい。しかし，これもページ数の関係で本書では省略した。これら試験法については別の専門書等を参照していただきたい。

なお，旧版「土木材料学」は，1986年に初版発刊以来10回にわたる増刷の都度軽微の修正は行ってきたが，最近，示方書の考え方も変わり，軽微の修正だけでは技術の発展を取り入れることが困難となった。そのため，この技術の流れに遅れないようにするため，もう一度全体を見直すとともに，性能照査型設計方法の考え方や，最近使われるようになりつつある高流動コンクリート等の材料を盛り込んで本書を改訂することとなった。

最後に，本書初版を執筆するに当たり，本シリーズ編集委員会委員長である伊藤　學東京大学教授，材料関係担当編集委員の山崎　淳東京都立大学助教授には，執筆方針や内容の調整等で種々の御指導をいただいた。また，森野奎二愛知工業大学助教授（いずれも肩書は当時）にとびらのコンクリートの電子顕微鏡写真を提供していただいたほか，本書の中の図表・写真の一部は多くの方々に提供していただいたものである。これらの方々には，衷心より厚く御礼を申し上げるしだいである。

2000年3月

三浦　尚

目次

第1章 概論

1.1 序説 …………………………………………………………………… 1
  1.1.1 土木材料として必要な性質 ……………………………………… 2
  1.1.2 土木材料の分類 …………………………………………………… 4
1.2 材料の性質 ……………………………………………………………… 4
  1.2.1 強度および変形特性 ……………………………………………… 4
  1.2.2 耐久性 ……………………………………………………………… 8
  1.2.3 作業性 ……………………………………………………………… 9
1.3 技術者の心構え ………………………………………………………… 10

第2章 コンクリート

2.1 一般 ……………………………………………………………………… 11
  2.1.1 コンクリートの組織 ……………………………………………… 11
  2.1.2 セメントの歴史 …………………………………………………… 13
2.2 材料 ……………………………………………………………………… 14
  2.2.1 セメント …………………………………………………………… 14
  2.2.2 骨材 ………………………………………………………………… 28
  2.2.3 水 …………………………………………………………………… 40
  2.2.4 混和材料 …………………………………………………………… 40
2.3 コンクリートの製造 …………………………………………………… 44
  2.3.1 フレッシュコンクリートの性質 ………………………………… 45
  2.3.2 配合設計 …………………………………………………………… 50
  2.3.3 施工 ………………………………………………………………… 60
2.4 硬化コンクリートの性質 ……………………………………………… 70
  2.4.1 コンクリート中の空げき ………………………………………… 70
  2.4.2 質量 ………………………………………………………………… 71
  2.4.3 圧縮強度 …………………………………………………………… 72

2.4.4　その他の強度 ……………………………………………………… 78
　　2.4.5　弾性係数 …………………………………………………………… 80
　　2.4.6　クリープ …………………………………………………………… 83
　　2.4.7　乾燥収縮 …………………………………………………………… 85
　　2.4.8　耐　久　性 ………………………………………………………… 86
2.5　レディーミクストコンクリート …………………………………………… 93
　　2.5.1　レディーミクストコンクリートの種類 ………………………… 94
　　2.5.2　レディーミクストコンクリートの呼び方 ……………………… 96
2.6　特殊な配慮を要するコンクリート ………………………………………… 97
　　2.6.1　マスコンクリート ………………………………………………… 97
　　2.6.2　寒中コンクリート ………………………………………………… 98
　　2.6.3　暑中コンクリート ………………………………………………… 99
　　2.6.4　高流動コンクリート ……………………………………………… 100
　　2.6.5　その他の特殊な施工をするコンクリート ……………………… 102

第3章　鋼　　　　材

3.1　一　　　般 …………………………………………………………………… 107
　　3.1.1　鉄　と　鋼 ………………………………………………………… 107
　　3.1.2　鋼材の歴史 ………………………………………………………… 108
3.2　鋼材の製造方法 ……………………………………………………………… 109
　　3.2.1　銑鉄の製造(製銑) ………………………………………………… 109
　　3.2.2　鋼の製造(製鋼) …………………………………………………… 110
　　3.2.3　鋼　の　成　形 …………………………………………………… 112
　　3.2.4　熱　処　理 ………………………………………………………… 114
3.3　鋼材の種類と性質 …………………………………………………………… 115
　　3.3.1　鋼材の性質 ………………………………………………………… 116
　　3.3.2　鋼　　　板 ………………………………………………………… 118
　　3.3.3　形鋼・平鋼 ………………………………………………………… 123
　　3.3.4　鉄筋コンクリート用棒鋼 ………………………………………… 125
　　3.3.5　PC鋼棒，PC鋼線，PC鋼より線，PC用シース ……………… 127
　　3.3.6　鋼　ぐ　い ………………………………………………………… 130
　　3.3.7　鋼　矢　板 ………………………………………………………… 132
　　3.3.8　その他の鋼材 ……………………………………………………… 133

3.3.9　鋼材の記号 …………………………………………………137

第4章　歴　青　材　料

4.1　一　　　般 ………………………………………………………139
4.2　アスファルトの種類と性質 ……………………………………140
　　4.2.1　分　　　類 …………………………………………………140
　　4.2.2　アスファルトの性質を表す用語 …………………………140
　　4.2.3　ストレートアスファルトおよびブローンアスファルト …142
　　4.2.4　防水工事用アスファルト …………………………………144
　　4.2.5　アスファルト乳剤 …………………………………………145
4.3　アスファルト混合物 ……………………………………………148
　　4.3.1　舗装用石油アスファルト …………………………………149
　　4.3.2　フィラー ……………………………………………………149
　　4.3.3　アスファルト混合物の種類 ………………………………150

第5章　木　　　　　材

5.1　一　　　般 ………………………………………………………154
　　5.1.1　木材の長所と短所 …………………………………………154
　　5.1.2　木材の構造 …………………………………………………155
　　5.1.3　木材の分類 …………………………………………………156
5.2　木　材　の　性　質 ……………………………………………156
　　5.2.1　密　　　度 …………………………………………………156
　　5.2.2　強　　　度 …………………………………………………157

第6章　石　　　　　材

6.1　一　　　般 ………………………………………………………159
　　6.1.1　岩石の分類 …………………………………………………159
6.2　石　材　の　性　質 ……………………………………………160
　　6.2.1　密　　　度 …………………………………………………160
　　6.2.2　耐　久　性 …………………………………………………160

6.2.3 強　　　度 ……………………………………………………161
6.3 石材の分類 ……………………………………………………161

第7章　コンクリート工場製品

7.1 管　　　類 ……………………………………………………163
7.2 溝用製品(U形，L形) …………………………………………167
7.3 ポールおよびくい ………………………………………………171
7.4 橋　げ　た ………………………………………………………172
7.5 土止め・矢板 ……………………………………………………175
7.6 そ　の　他 ………………………………………………………177

第8章　その他の土木材料

8.1 合　成　樹　脂 …………………………………………………182
8.2 各種連続繊維 ……………………………………………………184
8.3 各種金属材料 ……………………………………………………185

第9章　結　　　び

付　　表

索　　引

第1章 概論

1.1 序説

われわれが生活をしている身の回りを見わたすと,さまざまな人工物が目に入る。屋内にあっては,机,いす,テレビジョン,電灯,電話機等々,外に出れば,道路,建築物,橋,自動車等々である。そして,これら人間がつくった物はすべてそれぞれある材料によってつくられており,そのつくられた材料によって性質もいろいろ異なっているのである。言い換えると,われわれは数多くの種類の材料によって取り囲まれて生活しているということができる。

これらのさまざまな材料のうち,土木構造物等,土木に関係する人工物に主として使われる材料が土木材料であり,本書でとり上げる対象物である。しかし,土木に関係する人工物は種類が多く,また,土木材料の中には土木構造物を構成する材料のほかにも,土木工事に用いられる仮設用材料等,さまざまな物が含まれるであろう。そのため,限られたページ数の中にそれらすべてを網

・石造構造物(沖縄)

・石造アーチ橋（西ドイツ）

・コンクリート製液化天然ガスタンク（オランダ）

羅することは不可能に近いし，また，意味のないことである。

　以上のことから本書では，主として土木構造物そのものを構成している材料をおもな対象とすることとし，仮設材についてはほとんど触れない。そして，そのうちでも特に構造材として多く用いられ重要と考えられているコンクリートおよび鋼については，多くのスペースをさいている。さらに，土木系の学生が土木材料を学ぶときに中心となるコンクリートについては，材料，性質，配合設計，施工と一応すべてを網羅し，これがかなりの部分を占めている。その他の材料については，それぞれ種類や性質を述べる程度にとどめた。また，土については，最も多く扱う土木材料とは考えられるが，ここでは除外した。

1.1.1　土木材料として必要な性質

　材料に必要な性質は，その材料でつくる物の種類によって異なる。すなわち，つくった物はそれに要求されている性質を満足するものでなければならず，材料はそのような要求を満足する物をつくらなければならないからであ

・コンクリート製斜張橋（オーストリア）

・鋼製橋梁
（首都高速道路）

る。

　したがって，ほかの一般の材料と比べたときの土木材料の特徴を考えた場合，それは取りも直さず，一般の物と比べた場合の土木構造物の特徴ということになる。

　土木構造物は，一般に戸外につくられるため，その置かれた環境はかなり厳しい場合が多い。そのうえ，一度つくられるとそれが数十年，場合によっては百数十年という長い期間にわたって使用されることになるため，長期間その厳しい環境に耐え，その間十分な予想が難しい，変動の激しい荷重に対して耐えなければならない。また，ほかの一般の物に比べて，土木構造物はスケールが大きいため，使用材料は安価でなければならない。

　土木材料として必要なおもな性質を列記すれば，つぎのようになる。

　（1）　強度が十分であること。
　（2）　耐久性が十分あること。
　（3）　加工や施工が容易であること。
　（4）　安価であること。
　（5）　手に入れやすいこと。

・鋼製橋梁
（首都高速道路）

(6) その他，破壊する場合にもろく壊れないこと，美観上優れていることなど。

1.1.2 土木材料の分類

土木材料の分類の方法は種々考えられるが，材料の出所・製造方法別に考えると，大きく分けてつぎのような五つに分類される。

（1） 天然の材料　　土，石材，木材，ゴム等。

（2） 天然の材料を成分調整・加工した材料　　セメント，鉄，鋼，その他の金属材料，歴青材料等。

（3） 人工材料　　プラスチック，合成ゴム，新素材（炭素繊維，ガラス繊維，アラミド繊維等）等。

（4） （1）～（3）の物の複合材料　　コンクリート（セメントコンクリート），アスファルト混合物，レジンコンクリート等。

（5） （1）～（4）の物をさらに加工した材料　　コンクリート工場製品，金属製品，粘土製品，エポキシ樹脂塗装鉄筋，各種ロッド，シート等。

このうち，(1)から(3)までは本来の材料，(4)，(5)はそれらの加工品として分類する考え方もあるが，土木材料としてはわれわれが入手する状態のものをすべて材料と考えるのが理解しやすいため，ここではとりあえず以上のように分類することにした。また，(1)から(3)までの材料は，時代の変化に従って，ほぼこの順番で出現してきたものである。

1.2 材料の性質

1.2.1 強度および変形特性

多くの場合，土木構造物の設計においては，作用する荷重に対して構造物に十分な強度をもたせることが主目的であるため，土木材料の性質の中では，強度はたいへん重要である。

一般に土木材料で問題とされるおもな強度の種類は，以下のとおりである。

（1） 引張強度（tensile strength）　　材料が引っ張られて破壊するときの荷重または応力度。

（2）　圧縮強度（compressive strength）　材料が圧縮されて破壊するときの荷重または応力度。

（3）　せん断強度（shearing strength）　材料がせん断力を受けて破壊するときの荷重または応力度。

われわれが一般に使用する材料においては，力が作用すると必ず変形するため，設計においてはそれぞれの材料の変形特性もつねに考えておかなければならない。**図1.1**に，土木材料として多く用いられている鋼材に力が作用したときの変形の様子を模式的に示す。**図1.2**には，同様にコンクリートに力が作用したときの変形を示す。ここで，**応力度**（stress）（単に"応力"ということもある）とは，その物体にどの程度の力が作用しているかを示すものであり，一般に，物体の単位面積当りに作用する力，すなわち N/mm^2（$=MPa$）で表す。また，**ひずみ**（strain）（ひずみ度ともいう）は，力が作用したことによってその物体がどのくらい変形したかを示すものであり，その作用する力の種類によって変形の仕方は異なるが，最初の寸法に対する変形量の割合（無名数）で表す。

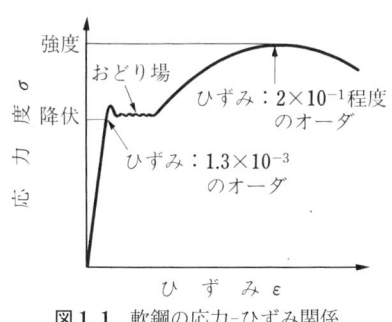

図1.1　軟鋼の応力-ひずみ関係

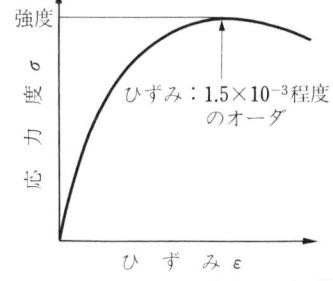

図1.2　コンクリートの応力-ひずみ関係

図1.1を見ればわかるように，軟鋼に力が作用した場合では，応力が増大するにつれて，最初は比例的にひずみも増大する。また，この区間では，途中で応力を除くと元の状態にもどる（**弾性**：elasticity）。さらに応力が増大し，応力度が降伏点に達すると，今度は応力は増加しないのに，ひずみだけが増加するようになる（**降伏**：yield）。そして，この状態がしばらく続いた後（おどり

場)，再びひずみの増加とともに応力が増加するようになる。その後，応力度が最大応力度(**強度**：strength)に達した後，今度はひずみの増加とともに応力(耐荷力)は減少するようになり，そのまま破壊へと進む。

　土木構造物に鋼材を用いる場合においては，このような応力-ひずみ関係のうち，主として降伏以下の部分で使用されることが多い。そして，降伏以下の部分は，ほぼ弾性を示すと考えられている(厳密にいえば，弾性を示す応力の範囲は降伏点の約9割程度といわれているが，降伏点までは残留ひずみも小さいので，実用上はこのように考えてよい)。また，降伏以後の部分のように，永久変形を起こす性質を**塑性**(plasticity)という。

　一方，コンクリートの応力-ひずみ曲線は，図1.2に示すように軟鋼のような降伏点はなく，応力が増加するにつれてひずみが連続的に大きくなり，応力度が最大値(強度)を示した後は，ひずみの増加とともに応力(耐荷力)は減少する。厳密にいえば，コンクリートはこの間で弾性を示す部分はほとんどないが，応力度が比較的小さい範囲においては弾性に近いため，実用上は弾性と考えることができる。このように，土木材料の応力-ひずみ関係は，それぞれ材料によって異なっている。

　材料を弾性体と考えた場合，作用している応力とそれによって生じるひずみとは，比例関係にあることになる。最も一般的な場合として軸方向の引張力または圧縮力が作用した場合を考えてみると，その比例定数は**ヤング係数**(Young's modulus：E 〔N/mm^2〕)と呼び

$$\sigma = E\varepsilon$$

で表される。ここで，σ は軸方向応力度〔N/mm^2〕，ε は軸方向ひずみである。同様にせん断力が作用した場合には，その比例定数は**せん断弾性係数**(modulus of rigidity：G 〔N/mm^2〕)と呼ぶ。すなわち

$$\tau = G\gamma$$

で表される。ここで，τ はせん断応力度〔N/mm^2〕γ はせん断ひずみである。

　また，材料に軸方向応力度が発生した場合，力の作用方向と直角方向にも，軸方向ひずみと逆符号のひずみが発生する。そして，直角方向のひずみと，軸

方向のひずみとの比を，**ポアソン比**（Poisson's ratio：ν）といい，その逆数を**ポアソン数**（Poisson's number：m）という。これら，ヤング係数，せん断弾性係数，ポアソン比等を含めて，材料の弾性定数といい，これらの間にはつぎのような関係がある。

$$G = \frac{1}{2(1+\nu)} E$$

以上述べた応力とひずみとの関係は，実験室において載荷試験をしたときのように，一定条件下のものであるが，この応力とひずみとの関係は荷重が作用する速度（荷重速度）によっても大きく変わってくる。すなわち，衝突などのように極端に荷重速度が速い場合には，荷重の速度に変形が追従しにくくなり，小さな変形で破壊することがある。逆に，死荷重のように極端に荷重速度が遅い（長時間の載荷）場合では，荷重が増加しなくても，時間とともに変形が増大することがあり，また，その変形のために強度も低下することがある。このように，応力によって生じたひずみが時間とともに増加することを，**クリープ**（creep）といい（図1.3），クリープによって生じたひずみを**クリープひずみ**，クリープによる破壊を**クリープ破壊**という。一般に用いられる土木材料のうちでは，コンクリートがクリープが大きく，構造物の設計においてもクリープを考慮する必要がある物の代表的な材料である（2.4.6項参照）。

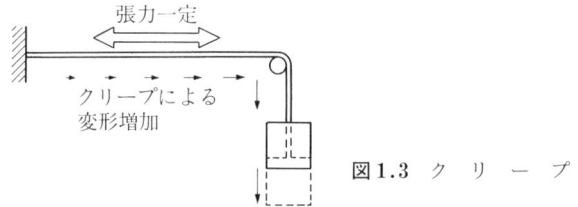

図1.3　クリープ

材料の性質のうち，クリープと同じ原因で発生する物に，**リラクセーション**（relaxation）がある。クリープは，一定の荷重が作用しているときの変形が時間とともに増加する現象であるのに対し，リラクセーションは，材料に一定のひずみを与えたとき，その材料に働く応力が時間とともに減少する現象であ

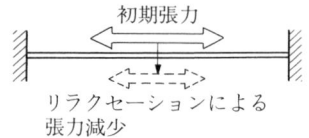

図1.4 リラクセーション

る（図1.4）。リラクセーションの大きさは，減少応力と初期応力との比で表され，これを**リラクセーション率**と呼ぶ。

1.2.2 耐　久　性

　土木構造物に限らず，われわれが物をつくってそれを使用する場合すべてに共通することであるが，物というのはそれを使用している期間すべてにわたって，その物に要求される性能を満足していなければならない，と考えることができる。ところが多くの物は，使用しているうちにだんだん性能が低下してゆき，ある限界の性能になったときに使用を中止するのである。

　例えば，乗用車を考えてみる。新車のときは性能もよいのであるが，使用していると時間とともにエンジンの力は低下するし，ボディーも錆びて穴があいて外観も悪くなってくる。故障も多くなってくる。そして，人によって要求レベルは異なるのであるが，使用している人の要求レベル以下になったときに，その車の使用を中止するのである。

　このように，だんだん性能が低下してゆくことを**劣化**（deterioration）といい，要求レベルを切るまでの期間の長さの評価が**耐久性**（durability）である。**図1.5**に，材料の劣化を模式的に示す。

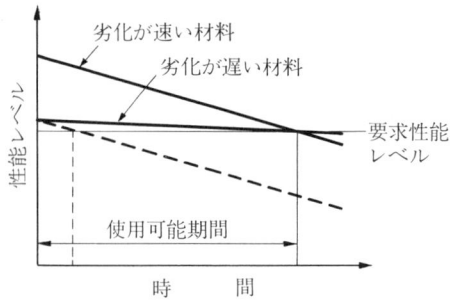

図1.5　材料の劣化の模式図

劣化が速い材料を用いると，同じ耐久性をもたせるためには，最初の性能に十分な余裕をもたせなければならず，劣化が遅い材料の場合にはその余裕は小さくてよい。そして，この判断を間違えると思ったより早く使用できなくなったり，あるいは反対に余裕が大きすぎて不経済になったりするのである。

土木構造物は，ほかの物と比べて一般に使用期間がけた違いに長い。したがって，劣化が速い材料を使用すると，初期のレベルをけたはずれに高くしなければならず，実用的ではない。このようなことから，土木構造物に使用する材料は，いかに劣化を遅くするかということをつねに考えておかなければならない。

すなわち，土木構造物においては，設計における強度計算（性能レベルの決定）と同じくらい，場合によってはそれ以上に，耐久性に対する配慮や判断が重要となってくるのである。

普通の土木構造物においては，構造物本体の劣化はほとんど生じないように材料の品質を定めたり，塗装の塗換え等の維持を行ったりすることが多く，その場合，設計計算においては特に劣化に対する性能レベルの割増し等は行わない。

1.2.3 作　業　性

土木材料を用いて土木構造物をつくるとき，作業のやりやすさ（作業性）も土木材料の性質としてたいへん重要である。作業性がよければ，でき上がった構造物の品質がよくなるし，また経済的となる。

土木材料の作業性は，材料の種類によって検討すべき内容が異なってくるのではあるが，いずれにしても作業性のよいものでなければならない。

例えば，コンクリートであれば，コンクリートの練混ぜ・打設・締固めが容易で，確実に行えるものでなければならないし，鋼材にあっては，溶接や加工がやりやすいということが重要である。

その他の材料も，それぞれ加工や施工が容易なものでなければならない。

1.3 技術者の心構え

　土木構造物は一般に公共の物が大部分であり，それらは国民全体の財産である。また，1.1.1で述べているように，土木構造物は不特定多数の国民によって使用され，かつ長年厳しい環境に耐えることが要求される物である。したがって，土木構造物をつくり，土木材料を扱う技術者は，国民の大切な財産を預かるという重要な役割を担っているといえる。すなわち，より耐久的な，そして効率的な構造物を作ることによって国民の財産を有効に活用することができ，逆に長期間使用することができないような不十分な構造物をつくるということは，国民の財産をむだ使いしたことになるのである。

　さらに，土木構造物の建設においては，土木材料の選択や製造の際のわずかなミスや気の緩み，あるいは無責任な態度や発言によって，構造物に致命的な欠陥を発生させたり，取返しのつかない事故に結び付いたりしてしまうことが多く，結果として財産の損失につながることになる。

　このようなことから，土木材料を扱う者は，責任重大であることを十分心にとどめ，つねに知識の収集を怠らず，かつ気の緩みを戒める態度を持ち続けることが特に重要である。

第2章 コンクリート

2.1 一 般

われわれが単純に**コンクリート**（concrete）という言葉を使う場合は，**セメント**（cement）を用いてつくったコンクリートを考えていることが多く，本章でもセメントを用いたコンクリートを対象としている。ところが厳密にいえば，コンクリートといわれる土木材料の中には，セメント系以外にも種々の物がある。すなわち"コンクリート"とは，元来骨格材（骨材）をマトリックス（母体となる材料）で結合し，一体化したものすべてを含んだ呼び名であり，マトリックスとしてはセメントに限らない。

このようなことから，この点をはっきりさせるためマトリックスとしてセメントを用いたものを，**セメントコンクリート**という場合もある。コンクリートと呼ばれるほかの土木材料のうちよく使われるものは，マトリックスにアスファルトを用いたアスファルトコンクリート，マトリックスにレジン（樹脂）を用いたレジンコンクリート等である。

2.1.1 コンクリートの組織

セメントコンクリート（以後，本章ではコンクリートという）の構造は，模式的に示すと**図2.1**のようである。すなわち，全体の約7割を占める骨材（aggregate：砂利・砂・砕石等）のすき間を，セメントペースト（cement paste：セメントと水との混合物）が満たしており，同時にセメントペーストはすべての骨材を結び付けて，コンクリート全体を一体としているのである。

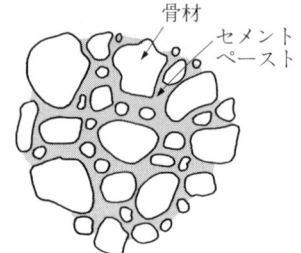

図2.1 コンクリートの構造

　一方,一般には骨材の強度はセメントペーストの強度より大きいため,このような構造をしたコンクリートの強度は,骨材の強度の影響より,おもにセメントペーストの強度で決まることになる。

　セメントペーストの強度は,水和度が一定の場合,水とセメントとの混合割合(水セメント比)で決まるので,結局,コンクリートの強度も水セメント比で決まることになる。

　つぎに,それではなぜセメントペーストの強度は,水セメント比で変化するのかを考えてみる。

　図2.2に,セメントペーストの硬化前と硬化後の構造を模式的に示す。一般のコンクリートには,施工性をよく(軟らかく)するために,セメントと反応するために必要な量よりずっと多くの水が使われている。したがって,コンクリートが硬化した後には,その余分の水は硬化に関与せずそのまま残り,乾燥によって水が蒸発した後には,空げきとなってペーストの中に多くのすき間を残すのである。

　セメントペーストの強度は,ペーストの密実さにも関係し,すき間が多けれ

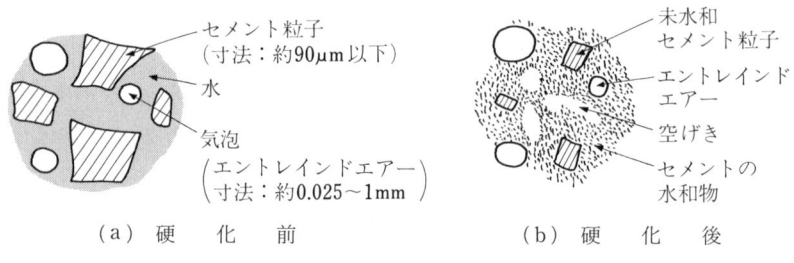

図2.2 セメントペーストの構造

ば多いほど強度は低くなるため，その他の条件が同じであれば配合の際，セメント量に比べて水量が多ければ多いほど，ペーストの強度は小さくなることになるのである．

2.1.2　セメントの歴史

コンクリートは，骨材をセメントペーストで結び付けたものである．骨材は昔から天然の物が使われているため，コンクリートの発達はセメントの発達とまったく同じことになる．

セメントの歴史を見てみると，セメントらしきものが出現したのは古く，古代エジプト・ギリシャ・ローマ時代といわれている．そのころ，建造物はおもに石材によってつくられていたが，石材と石材との接合用に用いられていたのが，石灰・石こう・火山灰土などの無機質材料で，これがセメントの始まりである．

その後，長い間目立った進歩はなかったが，1700年代の中ごろになって，イギリスのJohn Smeatonが水硬性石灰を発見し，また1700年代の終わりには，同じイギリスのJames Parkerが，けい酸を含んだ石灰石を焼くことによって，水硬性のセメントをつくっている．これは，**ローマンセメント**（Roman cement）とも呼ばれているが，かなり広く用いられた．

その後，1824年，イギリスLeedsのれんが職人であるJoseph Aspdinが，現在広く使われているような**ポルトランドセメント**（Portland cement）の製法の特許を取っており，彼はポルトランドセメントの発明者として有名になった．ポルトランドセメントという呼び名は，これでつくった人造石の色がPortland（イギリス南部の島で石材の産地）で産出する石に似ていたから付けられたものであるといわれている．

ポルトランドセメントが本格的に製造され始めたのは，イギリス，フランス，ドイツ等では1850年ごろであり，アメリカは1871年，わが国は1875年（明治8年）であった．

2.2 材　　　料

2.2.1 セ メ ン ト

〔1〕 **セメントの製造方法**　わが国で，一般的に使用されるセメントは，ポルトランドセメントあるいはポルトランドセメントを基にした混合セメントである。

ポルトランドセメントは，原料である石灰石（limestone：95％以上のCaCO₃を主として方解石の形で含む）と粘土（clay：主としてシリカ，アルミニウムおよび水とから成り，しばしば鉄，アルカリ，アルカリ土類を伴う），それに若干の酸化鉄を混合し1 450℃前後で焼成して，石ころ状になったもの（**クリンカー**：clinkerという）を粒径 数 μmから60 μm程度（平均20 μm程度）まで粉砕してつくられる。セメントに必要な成分は，石灰石と粘土とによってほぼ得られるが，酸化鉄はセメントの鉄分の補給のほかに，溶融点を下げる働きもあるために加えられる。

セメント1 tをつくるのに要する原料としては，使用する原料の成分やつく

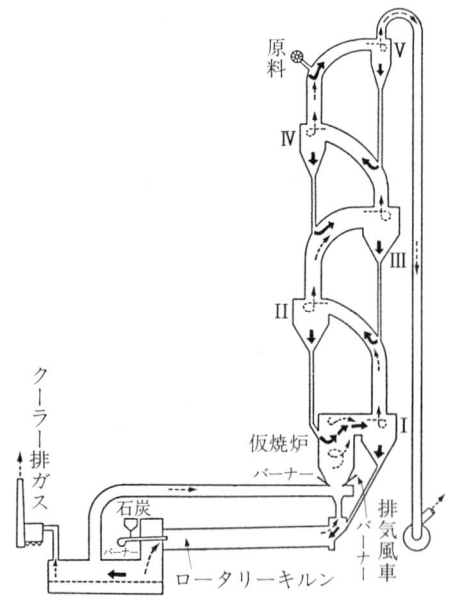

図2.3　セメント製造用キルン
〔セメント協会：セメントの常識
(1983)〕

るセメントの種類にもよるが，おおよそ石灰石 1.14 t，粘土 0.23 t，酸化鉄 0.03 t，けい石（SiO_2 の補給），その他 0.05 t である。原料が合計して 1 t 以上になっているのは，焼成中に水分，炭酸ガス，有機物等が除かれるためである。

セメントクリンカーをそのまま粉砕した状態のものは，水を加えると急結するためセメントとしては使用しにくく，一般に用いられるポルトランドセメントでは，粉砕のときに緩結剤として，3～4％の石こうが加えられる。

図 2.3，図 2.4 に，焼成に用いられるキルンの一例を示す。

図 2.4　セメント工場のキルン

〔2〕 **セメントの種類**

（a）**ポルトランドセメント**　　ポルトランドセメントは，〔1〕で述べたように原料である石灰石（一般に 95％以上が $CaCO_3$）と粘土（SiO_2 が 60～75％，Al_2O_3 が 10～25％，Fe_2O_3 が 5～10％），その他を焼成してつくられるが，焼成中にそれらの成分が反応してそれぞれ性質の違ういくつかの化合物が生成される。そして，セメントの性質は，その化合物の混合割合によって変わってくるのである。

生成されるおもな化合物およびそれらの性質を**表 2.1** に示す。

ポルトランドセメントの種類には，以下のものがある。

○　普通ポルトランドセメント（normal, ordinary Portland cement）
○　早強ポルトランドセメント（high-early-strength Portland cement）
○　超早強ポルトランドセメント（ultra high-early-strength Portland cement）

表 2.1　ポルトランドセメントのおもな化合物およびその性質

化合物名称	組成	略記号	強度発現 短期	強度発現 長期	水和熱	化学抵抗性	乾燥収縮
けい酸三石灰（アリット）	$3CaO \cdot SiO_2$	C_3S	大	大	中	中	中
けい酸二石灰（ベリット）	$2CaO \cdot SiO_2$	C_2S	小	大	小	大	小
アルミン酸三石灰	$3CaO \cdot Al_2O_3$	C_3A	大	小	大	小	大
鉄アルミン酸四石灰（セリット）	$4CaO \cdot Al_2O_3 \cdot Fe_2O_3$	C_4AF	小	小	小	中	小

〔セメント協会：セメントの常識(1983)〕

表 2.2　ポルトランドセメントの品質規定 (JIS R 5210)

品質 / 種類		普通ポルトランドセメント	早強ポルトランドセメント	超早強ポルトランドセメント	中庸熱ポルトランドセメント	低熱ポルトランドセメント	耐硫酸塩ポルトランドセメント
密度〔g/cm³〕[1]		—	—	—	—	—	—
比表面積〔cm²/g〕		2 500以上	3 300以上	4 000以上	2 500以上	2 500以上	2 500以上
凝結	始発〔min〕	60以上	45以上	45以上	60以上	60以上	60以上
	終結〔h〕	10以下	10以下	10以下	10以下	10以下	10以下
安定性[2]	パット法	良	良	良	良	良	良
	ルシャテリエ法〔mm〕	10以下	10以下	10以下	10以下	10以下	10以下
圧縮強さ〔N/mm²〕	1 d	—	10.0以上	20.0以上	—	—	—
	3 d	12.5以上	20.0以上	30.0以上	7.5以上	—	10.0以上
	7 d	22.5以上	32.5以上	40.0以上	15.0以上	7.5以上	20.0以上
	28 d	42.5以上	47.5以上	50.0以上	32.5以上	22.5以上	40.0以上
	91 d	—	—	—	—	42.5以上	—
水和熱〔J/g〕	7 d	—[3]	—[3]	—	290以下	250以下	—
	28 d	—[3]	—[3]	—	340以下	290以下	—
酸化マグネシウム〔%〕		5.0以下	5.0以下	5.0以下	5.0以下	5.0以下	5.0以下
三酸化硫黄〔%〕		3.5以下	3.5以下	4.5以下	3.5以下	3.5以下	3.0以下
強熱減量〔%〕		5.0以下	5.0以下	5.0以下	3.0以下	3.0以下	3.0以下
全アルカリ〔%〕[4]		0.75以下	0.75以下	0.75以下	0.75以下	0.75以下	0.75以下
塩化物イオン〔%〕		0.035以下	0.02以下	0.02以下	0.02以下	0.02以下	0.02以下
けい酸三カルシウム〔%〕		—	—	—	50以下	—	—
けい酸二カルシウム〔%〕		—	—	—	—	40以下	—
アルミ酸三カルシウム〔%〕		—	—	—	8以下	6以下	4以下

注 1)　測定値を報告する。
2)　安定性の測定は，JIS R 5201の本体パット法または同規格の附属書のルシャテリエ法による。
3)　測定値を報告する。
4)　全アルカリ〔%〕は，化学分析の結果から，つぎの式によって算出し，小数点以下2けたに丸める。

$Na_2Oeq = Na_2O + 0.658K_2O$

　　ここに，Na_2Oeq：ポルトランドセメント中の全アルカリの含有率〔%〕
　　　　　　Na_2O　：ポルトランドセメント中の酸化ナトリウムの含有率〔%〕
　　　　　　K_2O　 ：ポルトランドセメント中の酸化カリウムの含有率〔%〕

- 中庸熱ポルトランドセメント (moderate heat Portland cement)
- 低熱ポルトランドセメント (low heat Portland cement)
- 耐硫酸塩ポルトランドセメント (sulfateresisting Portland cement)
- 白色ポルトランドセメント (white Portland cement)

このうち，白色ポルトランドセメントは，JIS には含まれていない。**表 2.2** には，ポルトランドセメントの品質に関する JIS 規定を示す。また，JIS ではそれぞれのセメントに対して，R_2O ($Na_2O+0.658 K_2O$) を 0.6 % 以下にしたポルトランドセメント（低アルカリ形）をも規定している。**表 2.3** に，ポルトランドセメント中に含まれる主要化合物の割合の一例および成分分析結果の一例を示す。

表 2.3 ポルトランドセメントの種類および成分

セメントの種別	主要化合物の一例〔%〕				成分分析結果の一例[2]〔%〕			
	C_3S	C_2S	C_3A	C_4AF	SiO_2	Al_2O_3	Fe_2O_3	CaO
普通ポルトランドセメント	50	26	9	9	22.0	5.1	3.0	63.8
早強ポルトランドセメント	67	9	8	8	20.8	4.5	2.8	64.9
超早強ポルトランドセメント	68	6	8	8				
中庸熱ポルトランドセメント	48	30	5	11	23.3	3.9	4.0	63.5
低熱ポルトランドセメント	27	53	3	12				
耐硫酸塩ポルトランドセメント	57	23	2	13	22.4	3.3	4.5	64.5
白色ポルトランドセメント[1]	51	28	12	1				

注 1) 白色ポルトランドセメントは JIS に定めるポルトランドセメントの規格には入っていない。
　 2) セメント協会が行った化学分析結果の一例（主要化合物の値とは必ずしも合っていない）。

〔セメント協会：セメントの常識(1998)〕

各種セメントの成分分析結果を見ればわかるように，原料の混合時においてこれら主要 4 成分の割合を変えることによって，セメントの種別が決まるのである。また，これら主要成分のほかにも，MgO，SO_3，Na_2O，K_2O，TiO_2，MnO のような二次成分が存在するが，これらの割合は合計しても数 % 程度であるため無視できる。ただし，このうち Na_2O と K_2O の割合については，アルカリ骨材反応に関係してくるので，別の意味で重要である。

図 2.5 には，主要化合物の圧縮強度 (compressive strength) の発現を，図

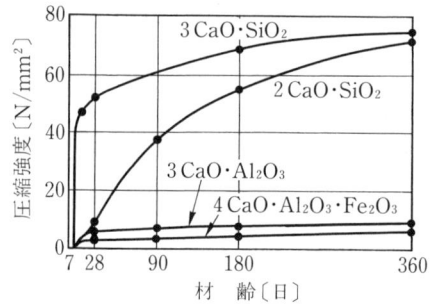

図 2.5 クリンカー主要化合物の圧縮強度の発現
〔セメント協会:セメントの常識(1983)〕

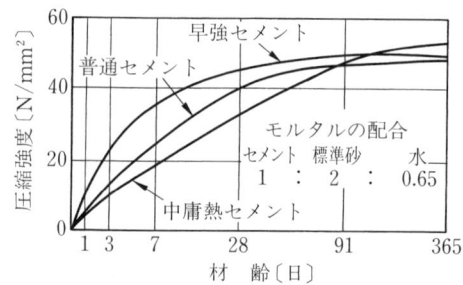

図 2.6 材齢とセメントの圧縮強度との比較
〔セメント協会:セメントの常識(1983)〕

2.6には,おもなセメントの圧縮強度の発現の一例を示す。

普通ポルトランドセメントは,普通のセメントとして最も広く用いられ,わが国におけるセメントの約70%がこのセメントである。

早強ポルトランドセメントは,普通ポルトランドセメントより早く強度が出るセメントである。普通ポルトランドセメントよりC_2Sを少なくして,C_3Sを多くし,さらに粉末度を上げることによって,普通ポルトランドセメントの7日強度を約3日で,3日強度を約1日で得られる。

超早強ポルトランドセメントは,早強ポルトランドセメントよりさらに早く強度が出るセメントである。早強ポルトランドセメントよりC_2Sをさらに少なくしC_3Sを多くし,また,粉末度も上げることによって早強ポルトランドセメントの7日強度を約3日で,3日強度を約1日で得られる。

中庸熱ポルトランドセメントは，特にマスコンクリート等で問題となる熱応力の発生を抑制するため，水和熱の発生を小さくしたセメントである。普通ポルトランドセメントと比べて，C_3S，C_3A の割合を小さくし，C_2S を多くすることによって発熱を抑えているが，同時に強度の発現もかなり遅くなる。

低熱ポルトランドセメントは，主として C_2S を 40 % 以上にすることによって，中庸熱ポルトランドセメントよりさらに発熱を抑えたセメントである。初期強度は低いが長期強度は大きい。

耐硫酸塩ポルトランドセメントは，硫酸塩に対する抵抗性を高めたセメントで，普通ポルトランドセメントに比べ，化学抵抗性の小さい C_3A を少なくし，そのための短期強度低下に対しては，C_3S を多くすることによって補っている。

白色ポルトランドセメントは，材料を吟味したり，粉砕用ボールミルのボールを鉄ではなくて石球にしたりして，セメントに黒っぽい色を付ける Fe_2O_3 の成分ができるだけ少なくなるようにつくったセメントである。色が白いため，これに顔料を加えることによって，種々の色のコンクリートをつくることができる。したがって，カラーセメントと呼ばれることもある。

（b） 混合セメント　混合セメントといわれるものは，ポルトランドセメントにほかの材料を混合したセメントであり，JIS では以下の 3 種のセメントが規定されている。

- 高炉セメント（A種，B種，C種）(Portland blast-furnace slag cement)
- シリカセメント（A種，B種，C種）(Portland pozzolan cement)
- フライアッシュセメント（A種，B種，C種）(Portland fly-ash cement)

高炉セメントは，鉄鉱石から鉄を取った残りかす（**高炉スラグ**という：3章参照）を水で急冷してつくった**水冷スラグ**（**水砕スラグ**という）を微粉砕し，ポルトランドセメントに混合したものである。そして，JIS では高炉スラグの混合割合によって，表 2.4 に示すように，A 種から C 種までの 3 種類に分けている。このうちわが国で主として用いられているのは B 種であり，使用量

表2.4 高炉セメントの種類 (JIS R 5211)

種類	高炉スラグの分量 質量〔%〕
A 種	5を超え30以下
B 種	30を超え60以下
C 種	60を超え70以下

は全セメント量の25%近くにもなっている。

表2.5は，JISで定めた高炉セメントの品質の規定値である。

表2.5 高炉セメントの品質 (JIS R 5211)

品質 \ 種類		A種	B種	C種
密度〔g/cm³〕[1]		—	—	—
比表面積〔cm²/g〕		3 000以上	3 000以上	3 300以上
凝結	始発〔min〕	60以上	60以上	60以上
	終結〔h〕	10以下	10以下	10以下
安定性[2]	パット法	良	良	良
	ルシャテリエ法〔mm〕	10以下	10以下	10以下
圧縮強さ〔N/mm²〕	3 d	12.5以上	10.0以上	7.5以上
	7 d	22.5以上	17.5以上	15.0以上
	28 d	42.5以上	42.5以上	40.0以上
酸化マグネシウム〔%〕		5.0以下	6.0以下	6.0以下
三酸化硫黄〔%〕		3.5以下	4.0以下	4.5以下
強熱減量〔%〕		5.0以下	5.0以下	5.0以下

注 1) 測定値を報告する。
　 2) 安定性の測定は，JIS R 5201の本体のパット法または同規格の附属書のルシャテリエ法による。

水砕スラグは，それ自身では水硬性はもたないが，セメントと水との反応によって生じた$Ca(OH)_2$による刺激によって水和反応を起こし，硬化するという性質（**潜在水硬性**：latent hydraulic property）をもっているため，水砕スラグとセメントとを混合したセメントが成り立つのである。

高炉セメントの性質としては，中庸熱セメントと同様，短期強度は小さいが長期強度は大きく（図2.7）発熱量も小さい。また，海水に対する抵抗性も大きく，水密性が高い。

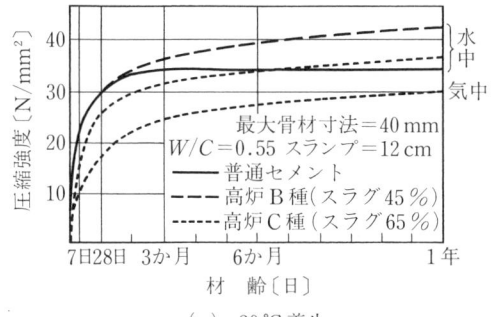

(a) 20℃養生

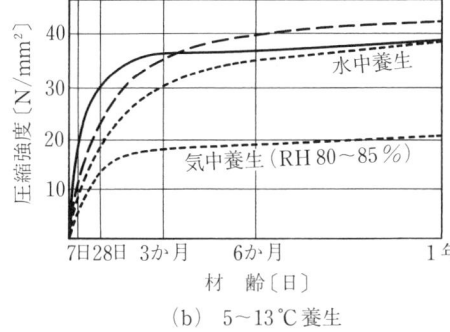

(b) 5〜13℃養生

RH：養生室の湿度

図2.7 高炉セメントコンクリートの材齢と圧縮強度との関係
〔丸安・水野・小林：高炉セメントの使用方法に関する研究,土木学会論文集,65号（1959）〕

シリカセメントは，反応しやすいSiO_2（シリカ）を多く含むシリカ質物質（**ポゾラン**：pozzolanという）を，ポルトランドセメントに混合したものである。そしてJISではシリカ質混合材（SiO_2を60％以上含むポゾラン）の混合割合によって，**表2.6**に示すようにA種からC種までの3種類に分けている。

表2.7は，JISで定めたシリカセメントの品質の規定値である。

シリカは，それ自身では水硬性をもたないが，セメントの水和反応で生じた$Ca(OH)_2$と水があるとこれらと反応し（**ポゾラン反応**：Pozzolanic reac-

表2.6 シリカセメントの種類（JIS R 5212）

種　類	シリカ質混合材の分量 質　量〔％〕
A　種	5を超え10以下
B　種	10を超え20以下
C　種	20を超え30以下

表2.7 シリカセメントの種類 (JIS R 5212)

品質	種類	A種	B種	C種
密度 $[g/cm^3]$ [1]		—	—	—
比表面積 $[cm^2/g]$		3 000 以上	3 000 以上	3 000 以上
凝結	始発 [min]	60 以上	60 以上	60 以上
	終結 [h]	10 以下	10 以下	10 以下
安定性 [2]	パット法	良	良	良
	ルシャテリエ法 [mm]	10 以下	10 以下	10 以下
圧縮強さ $[N/mm^2]$	3 d	12.5 以上	10.0 以上	7.5 以上
	7 d	22.5 以上	17.5 以上	15.0 以上
	28 d	42.5 以上	37.5 以上	32.5 以上
酸化マグネシウム [%]		5.0 以下	5.0 以下	5.0 以下
三酸化硫黄 [%]		3.0 以下	3.0 以下	3.0 以下
強熱減量 [%]		5.0 以下	—	—

注1) 測定値を報告する。
 2) 安定性の測定は，JIS R 5201 の本体のパット法または同規格の附属書のルシャテリエ法による。

tion)，硬化するという性質をもっているため，シリカとセメントとを混合したセメントが成り立つ。

シリカセメントの性質としては，普通ポルトランドセメントと比べて短期強度は小さいが，十分な湿潤養生をすることによって長期強度は同程度になる。また，水密性は高く，化学抵抗性は大きい。

フライアッシュセメント，フライアッシュは石炭を燃やす火力発電所から発生する灰のうち，おもに空中に飛んでいる微細な粒子を集じん機で集めたものであり，一般に SiO_2 を 60 % 程度以上（JIS では 45 % 以上となっている）含み，粉末度はセメントと同等以上に細かく，形は球形をしている。これとポルトランドセメントとを混合した物がフライアッシュセメントであり，性質はシリカセメントと似ているが，フライアッシュの粒形が球状であるため，コンクリートの流動性がよくなるなどの特長がある。ただし，粒径や品質にばらつきが大きいという欠点があるので要注意。

表2.8 に JIS における分類を，表2.9 にそれらの品質の規定を示す。

表2.8 フライアッシュセメントの種類 (JIS R 5213)

種類	フライアッシュ(II種)の分量 質量〔%〕
A 種	5を超え10以下
B 種	10を超え20以下
C 種	20を超え30以下

表2.9 フライアッシュセメントの品質 (JIS R 5213)

品質		種類	A種	B種	C種
密度〔g/cm³〕[1]			—	—	—
比表面積〔cm²/g〕			2 500以上	2 500以上	2 500以上
凝結	始発〔min〕		60以上	60以上	60以上
	終結〔h〕		10以下	10以下	10以下
安定性[2]	パット法		良	良	良
	ルシャテリエ法〔mm〕		10以下	10以下	10以下
圧縮強さ 〔N/mm²〕	3 d		12.5以上	10.0以上	7.5以上
	7 d		22.5以上	17.5以上	15.0以上
	28 d		42.5以上	37.5以上	32.5以上
酸化マグネシウム〔%〕			5.0以下	5.0以下	5.0以下
三酸化硫黄〔%〕			3.0以下	3.0以下	3.0以下
強熱減量〔%〕			5.0以下	—	—

注1) 測定値を報告する。
　2) 安定性の測定は，JIS R 5201の本体のパット法または同規格の附属書のルシャテリエ法による。

(c) **特殊セメント**　一般の構造物用としてではなくて，特殊な用途に対するセメントとしては，つぎのようなものがある。

○ アルミナセメント　　○ 超速硬セメント

○ その他（コロイドセメント，油井セメント等）

アルミナセメント (high-alumina cement) は，ボーキサイトと石灰石とを原料とし，それらを高温で溶融してつくったもので，いままで説明したポルトランド系セメントと化合物も，水和によって生成された水和物も異なる。したがって，性質も大きく異なり使用に当たってはその特徴を十分理解しておかなければならない。

特徴のおもなものは，つぎのとおりである。

(1) 強度の発現がたいへん早く，6～12時間で普通ポルトランドセメントの28日強度程度となる。

(2) （十分乾燥させた場合には）耐熱性が大きく，使用温度が1300℃以上のコンクリートも可能である。

(3) 水セメント比が大きいと，準安定な水和物が多くなり，それが高温で湿度の高い環境下では時間とともに安定な物へと変化する（**転移**：conversionという）。その際，転移前の水和物に対して，転移後の水和物の比重が約1.5倍大きくなるので，その分ペースト中の空げきが多くなって強度が低下する。転移は，温度が高いほど早く起こるため注意しなければならない。

(4) 硫酸塩，塩化物，海水，弱い酸，油，その他諸種の化学薬品に対する抵抗性は，ポルトランドセメントより大きい。ただし，カセイソーダなどのアルカリの作用を受ける。

表2.10に，工事用アルミナセメントの成分および物理試験結果の一例を示す。

表2.10 アルミナセメント（工事用）の性質の一例

化学成分					比表面積 $[cm^2/g]$	凝結時間		曲げ強度 $[N/mm^2]$		圧縮強度 $[N/mm^2]$	
SiO_2	Al_2O_3	Fe_2O_3	CaO	TiO_2		始発 時-分	終結 時-分	8時間	24時間	8時間	24時間
5.0	48.7	6.0	36.5	3.0	4 300	3-50	6-10	3.9	5.7	31	48

（日本セメント資料）

超速硬セメント（regulated-set cement）は，ポルトランドセメントより硬化が早く，早期強度も超早強ポルトランドセメントよりさらに早く得られるようにつくられたセメントである。そのため，1～2時間で10～20 N/mm² の強度を得ることができ，さらにアルミナセメントで問題となるような転移がない。このセメントは，ジェットセメントという商品名で売られている。

表2.11には，ジェットセメントの物理的性質をほかのセメントと比較して示す。

(d) **エコセメント**　　エコセメント（ecocement）は，都市ごみを焼却した際に発生する灰を主とし，必要に応じて下水汚泥などの廃棄物を従として製

表2.11 各種セメントの物理的性質

項目 セメント の種類	密度	粉末度 (比表 面積) $[cm^2/g]$	凝結			圧縮強度 $[N/mm^2]$						
			水量 [%]	始発 時-分	終結 時-分	2時間	3時間	6時間	1日	3日	7日	28日
ジェットセメント	3.04	5 300	28.0	0-10	0-15	7.1	10.3	15.2	20.3	30.4	37.0	44.1
超早強セメント	3.13	5 810	29.8	1-30	2-25	—	—	—	21.1	32.8	41.3	48.8
早強セメント	3.13	4 380	28.2	2-08	3-15	—	—	—	9.8	23.2	34.4	46.8
普通セメント	3.17	3 220	27.8	2-22	3-20	—	—	—	3.9	13.0	22.3	40.7

(住友セメント:ジェットセメント技術資料集)

造される資源リサイクル型のセメントで,**普通エコセメント**と**速硬エコセメント**に分類される。含有塩化物量が多いのが要注意点である。

〔3〕 **セメントの水和反応** セメント粒子が水と接すると,セメントを構成している各化合物と水とが反応して,水和生成物を形成し,これがペーストの硬化体(セメントゲル:cement gel)となる。

すなわちセメントの成分は,C_3S,C_2S,C_3A,C_4AF および石こう($CaSO_4 \cdot 2H_2O$)が大部分であるが,これらがそれぞれ水と反応するのである。そしてこれらセメントの成分と水との反応を**水和反応**(hydration reaction),反応によって生成された物を**水和生成物**と呼んでいる。

ポルトランドセメントの水和反応は,概略以下のようにいわれている。

i) $2C_3S + 6H_2O \rightarrow \underline{3CaO \cdot 2SiO_2 \cdot 3H_2O} + 3Ca(OH)_2$
　　　　　　　　　けい酸カルシウム水和物(トベルモライト:tobermorite)

ii) $2C_2S + 4H_2O \rightarrow \underline{3CaO \cdot 2SiO_2 \cdot 3H_2O} + Ca(OH)_2$
　　　　　　　　　　　　　　　　　　　水酸化カルシウム

iii) $C_3A + 6H_2O \rightarrow \underline{3CaO \cdot Al_2O_2 \cdot 6H_2O}$
　　　　　　　　　アルミン酸カルシウム水和物

iv) $C_4AF + 10H_2O + 2Ca(OH)_2$
　　　$\rightarrow \underline{3CaO \cdot Al_2O_3 \cdot 6H_2O} + \underline{3CaO \cdot Fe_2O_3 \cdot 6H_2O}$

このうち,C_3A の水和反応はたいへん激しく行われ,ペーストは即座に凝結する(**瞬結**:flash setting)が,これに石こうが加えられている場合には

iii)′ $C_3A + 3CaSO_4 + 32H_2O \rightarrow \underline{3CaO \cdot Al_2O_3 \cdot 3CaSO_4 \cdot 32H_2O}$
　　　　　　　　　　　　　　　　カルシウムサルホアルミネート
　　　　　　　　　　　　　　　　(エトリンガイト:ettringite)

の反応が起こり,この生成物が C_3A の表面を覆って水和を抑制する。

このように,セメントの水和物にはいろいろな種類があるが,セメントゲル

といわれているものは,これらがまじり合ったものである。そして,一般のポルトランドセメントにおいては,これらの水和生成物のうちではけい酸カルシウム水和物と$Ca(OH)_2$がかなりの割合を占めることになる。

このように,セメントと水が混ぜられると徐々に水和物ができてゆくのであるが,最初の4～5時間はセメントの成分の表面に水和物の被膜ができるため水和の進行は遅く,その後だんだん早くなってC_3Sの場合,十数時間までに最も活発に反応する。このようにしてセメント粒子間の間げきは,徐々に水和物および$Ca(OH)_2$の結晶等によって密実に埋められ,硬化が進んでゆく。

セメント水和物は,針状あるいは薄板状をしており,これらがたがいに微小間隔で接している。そのため,セメントの表面積に比べてゲルの表面積はたいへん大きく,約800倍ぐらいといわれている。そして,その表面には水の分子が吸着しており,この水は容易に離すことはできない。また,少し大きい間げき(毛細管空げき)には,自由水といわれる比較的出入りの容易な水が含まれている。

セメントが水和するときには発熱をするが,このように水和による発熱(**水和熱**:heat of hydration)の量もセメントの成分によって異なっている(表2.1参照)。

〔4〕 セメントの物理的性質

(a) **密 度**　セメントの**密度**(density)は,セメントの主要化合物の混合割合によって異なるものであり,したがって,セメントの種類によって異なる。普通ポルトランドセメントで約3.16,早強ポルトランドセメントで約3.13,中庸熱ポルトランドセメントで約3.20である。混合セメントでは,かなり小さく,高炉セメントB種で約3.04,フライアッシュセメントB種で約2.99程度である。一般には,平均すると約3.15であると考えられている。

(b) **粉末度**　セメントの**粉末度**(fineness)は,高いほど同じ質量当りの表面積が大きくなり,それだけ水と接する面積も大きくなると考えられる。したがって,粉末度が高いほど水和が早く進み,強度発現も早くなる。また,粉末度が大きいセメントは,**ブリーディング**(bleeding)はより少なくなる

が，アルカリ骨材反応をより強く起こしたり，セメントペーストが収縮しやすくなったり，ひび割れが発生しやすくなる傾向がある。

粉末度を表す方法としては，一般にブレーン空気透過装置を用いてセメント1g当りの全表面積〔cm^2〕の値を求め，これを**比表面積**（specific surface）と呼んで表している。

セメントの種類によって比表面積の規定には違いがあるが（表2.2参照），今日のわが国のセメントは規格値に比較して，比表面積がたいへん大きくなっている（表2.11参照）。

（**c**）**凝　結**　　凝結（set）とは，セメントペーストのこわばりの程度を表す言葉である。図2.8に示すように，セメントと水とを練り混ぜると，始めは流動状態にあったものが時間とともに徐々にこわばりが出てきてだんだん固まり，さらに強度が大きくなってゆく。このうち，固まった後，強度が増大してゆくことを**硬化**（hardening）といい，この**まだ固まらない状態**と**硬化**との二つの状態を分けている部分が凝結である。凝結の決め方は，加水後セメントペーストがある一定のこわばりの状態に達したときを**始発**（initial setting）および**終結**（final setting）と定義し，その間を凝結としている。

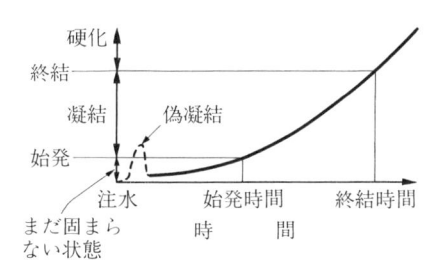

図2.8　セメントの注水後の状態を表す模式図

セメントの種類によって，凝結時間の規定に違いを設けているが（表2.2参照），実際のわが国のセメントでは，規定値を十分余裕をもって満足している（表2.11参照）。

セメントと水とを混合した後，5～10分で軽いこわばりを生じ，水を加えないで練り混ぜると再び軟らかくなることがあるが，これは**偽凝結**（false set)といわれるものであり，凝結とは違う。これは，セメント中の脱水され

ていた石こうが急速に水和したために生じたものである。

（d）強さ　セメントの強さ（strength）は，そのセメントを用いてつくった**セメントモルタル**（mortar：セメントペーストと細骨材との混合物）の強さによって表す。セメントモルタルの強さは，セメント以外の使用材料やつくり方によっても異なるので，それらを一定にした標準的なモルタルを作成して比較をする。

わが国の JIS（JIS R 5201）では，セメントの強さ試験にはシリカ（SiO_2）98％以上の天然けい砂を粒度調製した砂（**標準砂**と呼ぶ）を用い，配合は，質量比でセメント1，標準砂3，水セメント比0.5とするよう定めている。

2.2.2 骨材

骨材は，コンクリート体積の 60～80％を占めるものであり，コンクリートの性質や価格に与える影響はたいへん大きい。後からも述べるように，コンクリートの性質を考えるときには，つねにコンクリートがまだ固まらない状態（**フレッシュコンクリート**：fresh concrete という。詳しくは 2.3.1 項参照）での性質と，硬化コンクリートの性質とに分けて考える必要がある。そして，この両方に対して，コンクリートの性質に及ぼす骨材の影響はたいへん大きい。

骨材に要求される性質のおもなものはつぎのとおりである。

（1）骨材の石質がセメントと悪質な反応を起こすようなものではなく，強度・耐久性に優れており，乾燥収縮量が小さい。

（2）コンクリート中に骨材が密に入り，さらにまだ固まらない状態では適当な流動性をもつような粒形および粒度分布をもっている。

（3）コンクリートに悪影響を与えるような不純物を含まない。

以上のことから，コンクリート用骨材としては，一般に，花こう岩，安山岩，玄武岩，石灰岩，砂岩，片麻岩などが用いられている。

骨材の価格の点から考えると，一般に骨材は重量が重く，運搬費の占める割合が高い。したがって，経済的に使用するためには，なるべく運搬距離の短いもの，すなわち，工事現場の近くで産出するものを選ぶのが有利となる。

〔1〕 骨材の分類

（a）粒径による分類　　コンクリートに使用される骨材の粒径は，0.07 mm 程度から十数 cm までである（図 2.9）。

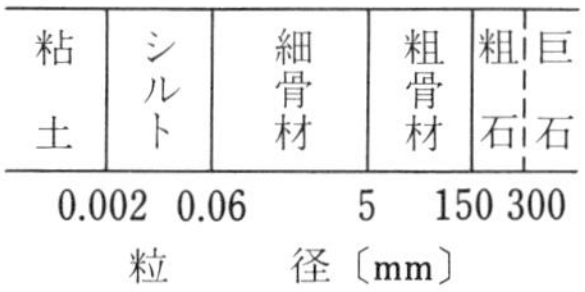

```
| 粘土 | シルト | 細骨材 | 粗骨材 | 粗石 | 巨石 |
0.002  0.06    5    150 300
         粒 径 [mm]
```

図 2.9　骨材の粒径別呼び名の概略分類

コンクリート用骨材のうち，径が 5 mm 以下の小さな粒径のものを**細骨材**（fine aggregate）という。ただし，土木学会のコンクリート標準示方書（以下，RC 示方書という）では，細骨材をつぎのように定義している。

"細骨材とは，10 mm ふるいを全部通り，5 mm ふるいを質量で 85 % 以上通過する骨材をいう"。これは，現場における骨材はふるい分けが完全でないため，細骨材の中に 5 mm ふるいにとどまるものを含んだりする場合が多く，15 % の余裕を設けるという意味である。ただし，配合を表す場合には，細骨材は 5 mm ふるいを全部通るものである。

骨材のうち細骨材より大きな粒径のものは，**粗骨材**（coarse aggregate）という。RC 示方書では "粗骨材とは，5 mm ふるいに質量で 85 % 以上とどまる骨材をいう" と定義している。同じく配合を表す場合には，5 mm ふるいに全部とどまるものである。いずれにしても，粗骨材と細骨材との区分には理論的根拠はなく，従来の習慣で定めたものである。

粒径が 0.06〜0.002 mm のものはシルト，これ以下は粘土と呼ばれる。また，150 mm のふるいにとどまり，1 個の質量が 45 kg 以下の割り石または，玉石のことを**粗石**（cobble）といい，それ以上のものを**巨石**（boulder）ということもある。

（b）産出場所による分類　　コンクリート用骨材を産出場所によって分類すると，図 2.10 のようになる。

ⅰ）砂利，砂（gravel, sand）　　産出場所が河川，海，山，陸にかかわらず，自然作用によってできた粗骨材および細骨材をいう。

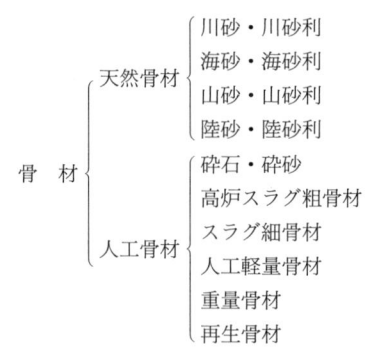

```
                  ┌─────────┬ 川砂・川砂利
                  │         │ 海砂・海砂利
                  │ 天然骨材 │ 山砂・山砂利
                  │         └ 陸砂・陸砂利
  骨 材 ┤
                  │         ┌ 砕石・砕砂
                  │         │ 高炉スラグ粗骨材
                  │ 人工骨材 │ スラグ細骨材
                  │         │ 人工軽量骨材
                  │         │ 重量骨材
                  └         └ 再生骨材
```

図 2.10 産出場所による骨材の分類

海砂には海水が付着しているので,十分水洗いをすることによって塩分を取り除かなければならない。山砂や陸砂には,有機不純物が含まれていることが多いので注意しなければならない。

ⅱ) 砕石 (crushed stone)　岩石,スラグ等を砕いて人工的につくる粗骨材である。石質や砕く方法によっては,粒形が悪くなることがある。

ⅲ) 砕砂 (crushed sand)　自然作用によらずに岩石を砕いて人工的につくったもの。したがって,砂とはいえないが砂に準じて取り扱う。

ⅳ) 高炉スラグ粗骨材 (blast-furnace slag coarse aggregate)　徐冷した高炉スラグを砕いてつくった粗骨材。高炉スラグ粗骨材は,**表 2.12** に示すように,L,N に区分しており,一般には区分 N のものを用い,区分 L のものは,耐凍害性が重要視されず,かつ設計基準強度 $21\,\mathrm{N/mm^2}$ 未満のコンクリートに限られる。

表 2.12 高炉スラグ粗骨材の絶乾密度,吸水率および単位容積質量による区分

区 分	絶乾密度	吸 水 率〔%〕	単位容積質量 (kg/l)
L	2.2 以上	6.0 以下	1.25 以上
N	2.4 以上	4.0 以下	1.35 以上

ⅴ) スラグ細骨材 (slag fine aggregate)　溶融スラグを水,空気等によって急冷した後,粒度調整した細骨材。高炉スラグ細骨材,フェロニッケルスラグ細骨材,銅スラグ細骨材,および電気炉酸化スラグ細骨材がある。

vi) 人工軽量骨材（artificial light-weight aggregate）　膨張頁岩，膨張粘土，フライアッシュ等を主原料として，人工的に焼成して製造した粗骨材および細骨材。骨材粒の内部は空げきが多く，表面はガラス質の皮膜で覆われた軽い骨材で，その絶乾密度によって3区分（L，M，H），実積率によって2区分（A，B），コンクリートの圧縮強度によって4区分（4(40 N/mm² 以上)，3(30〜40)，2(20〜30)，1(10〜20))，フレッシュコンクリートの単位容積質量によって4区分（15，17，19，21）に分かれている。土木構造物においては，一般に，圧縮強度による区分3および4のものが用いられている（図2.11）。

図 2.11　人工軽量骨材

vii) 重量骨材（heavy-weight aggregate）　γ線や中性子の遮蔽効果は，物質の密度にほぼ比例するので，コンクリートを遮蔽体にする場合にはなるべく密度の大きいコンクリートを用いるのが有利である。コンクリートの密度を大きくするためには，密度の大きい骨材を使う必要がある。重量骨材としては，各種の鉄鉱石を砕いたものが用いられる。

viii) 再生骨材（recycled aggregate）　コンクリート構造物などを解体したときに出るコンクリート塊を砕いて作った骨材。コンクリートのリサイクルとして必要性が高まっている。

〔2〕 含水状態　骨材の内部には，多数の空げきがあり，水分を含むことができる。したがって，コンクリートをつくるときに，乾燥した骨材を使用すると，練混ぜ中に骨材が水を吸収してセメントペーストの水セメント比が小さくなってしまう。逆に，表面に水分が付着した骨材を使用すると，その水分がペーストに入り，水セメント比は大きくなってしまう。

このようなことのないように，コンクリートをつくるときには骨材の水の含まれ方（表面に付着している場合を含む）は，つねに管理し，骨材の含水状態（moisture state）によって使用水量を修正しなければならない。

図 2.12 に，骨材の含水状態の種類を模式的に示す．

（1） **湿潤状態**（wet state）においては，骨材の内部の空げきは水で満たされ，表面にも水が付着している（骨材表面に付着している水を表面水：surface moisture）という．

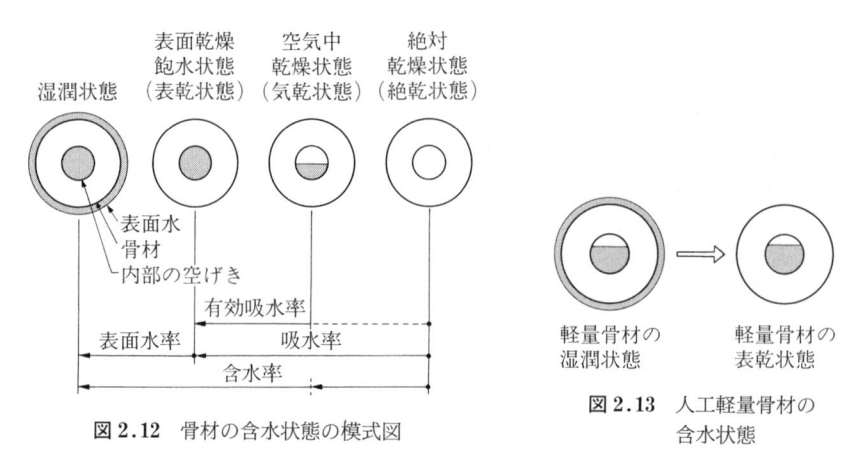

図 2.12 骨材の含水状態の模式図

図 2.13 人工軽量骨材の含水状態

（2） **表面乾燥飽水状態**（表乾状態：saturated surface-dry state）は，内部の空げきは水で満たされているが，表面には水が付着していない状態であり，コンクリートをつくる場合に水の出入りがないので基準とされる状態である．ただし，人工軽量骨材の場合には吸水量が多く，骨材粒の内部まで完全に飽水させるには時間がかかりすぎるので，表乾状態とするのは難しい．そこで，骨材粒の内部空げきが完全に飽水されていなくても，表面に近い部分が吸水し，かつ，表面水のない状態を**軽量骨材の表面乾燥状態**と定義する．したがって，軽量骨材の表面乾燥状態は一定なものではなく，吸水の程度によって表乾密度も異なる（図 2.13）．

（3） **空気中乾燥状態**（気乾状態：air-dry state）は，骨材を空気中で乾燥した状態であり，表面に水分は付着しておらず，骨材の空げき中には一部水が含まれている．

（4） **絶対乾燥状態**（絶乾状態：oven-dry state）は，骨材を乾燥用の炉の中に入れるなどして，完全に乾燥させた状態である．空げき中にも水は含まれ

ていない。

(5) **表面水率**(surface moisture)は，骨材の表面に付着している水の割合を示すもので，表乾状態の骨材の質量に対する表面水量の百分率で表す。

$$表面水率 = \frac{水の付着している骨材の質量 - 表乾状態の骨材の質量}{表乾状態の骨材の質量} \times 100 \tag{2.1}$$

(6) **吸水率**(water absorption)は，絶乾状態の骨材が内部に含む（吸水する）ことができる水量の割合を示すもので，絶乾状態の骨材の質量に対する飽水状態の骨材内部に含まれる水量の百分率で表す。

$$吸水率 = \frac{表乾状態の質量 - 絶乾状態の質量}{骨材の絶乾状態の質量} \times 100 \tag{2.2}$$

骨材の吸水率は，骨材の種類によって異なるが，一般的な傾向としては，吸水率が大きい骨材は耐久性が劣ったり，乾燥収縮量が大きくなったりする可能性があるので，使用に当たっては注意を要する。なお，RC示方書では，骨材の吸水率は細骨材で3.5％以下，粗骨材で3.0％以下を標準としている。

(7) **有効吸水率**(effective absorption)は，気乾状態の骨材が吸水することができる水量の割合を示すもので，絶乾状態の骨材の質量に対する表乾状態の骨材に含まれる水から気乾状態の骨材に含まれる水を差し引いた水量の百分率で表す。

(8) **含水率**(water content, moisture content)は，絶乾状態の骨材の質量に対する骨材全体に含まれる水量の百分率で表す。

〔3〕 **密度**(density)　図2.12に示すように，骨材は一般に内部に空げきを含んでいる。したがって骨材の密度は，内部に水を含んだ場合と含んでいない場合とで当然変わってくる。また，骨材中の空げきの部分を除外した密度（真密度）が問題になることもある。

一般には，表乾状態の密度（表乾密度）および絶乾状態の密度（絶乾密度）の2種類が用いられており，特に配合設計においては表乾密度が用いられる。

$$\text{表乾密度 } D_S = \frac{\text{表乾状態の骨材の質量}}{\text{その骨材の体積}} \tag{2.3}$$

$$\text{絶乾密度 } D_D = \frac{\text{絶乾状態の骨材の質量}}{\text{その骨材の体積}} \tag{2.4}$$

軽量コンクリートの場合には，吸水を完全に行うことがきわめて難しいので，一般に，**軽量骨材の表乾密度**とは，表面乾燥状態の密度をいい，吸水の程度によって異なる。そのため，軽量骨材の品質を表す場合の密度としては，絶乾密度が多く使われる。

コンクリートに用いられる普通の骨材の表乾密度は，細骨材で2.50〜2.70くらい，粗骨材で2.50〜2.80くらいである。なお，RC示方書では，両骨材の絶乾密度は2.5以上のものを標準とすると定めている。密度の大小により品質の優劣を判定することはできないが，密度が小さいことは多孔質で弱く，吸水質である場合が多いので注意しなければならない。

〔4〕**粒 度** 骨材の粒度（grading）とは，骨材の大小粒の混合している程度をいい，骨材の粒度が適当であれば，同じワーカビリティー（2.3.1項参照）のコンクリートをつくるための単位セメント量，単位水量が少なくなる。そのため，経済的であることはもちろん，乾燥収縮量が小さくなり，耐久性が大きくなるなどの利点がある。

細骨材の粒度は，コンクリートのワーカビリティーおよび仕上げやすさの程度に大きい影響を与える。

粗骨材の粒度は，細骨材ほどワーカビリティーに影響を与えないが，経済的見地からいってやはりできるだけ粒度の適当なものを用いることが必要である。

このように，骨材粒度の良否はコンクリートの経済性に非常に大きい影響を与えるが，幸いコンクリートの性質に大きい影響を与えることなしに使用できる粒度の範囲はかなり広いものである。

骨材の適当な粒度は，骨材の粒形，表面組織などにも関係があり，また構造物の種類，コンクリートの配合などによっても異なるため，あらゆる場合に理想的な粒度というものは存在しない。一般に小粒から大粒までの変化がほぼ一様な粒度のものがよい。ところが，場合によってはある中間の大きさの骨材を

含まない粒度（**不連続粒度**：gap grading という）がよいこともある。ある大きさの粒だけが多すぎるような粒度の骨材は，コンクリートが粗々しくなるので用いないほうがよい。

骨材の粒度はふるい分け試験によって求める。そしてその結果は，粒度曲線または表で示される。

（a）**粒度曲線** ふるい目の呼び寸法〔mm〕が 0.15，0.3，0.6，1.2，2.5，5.0，10，15，20，25，30，40，50，60，80，100 の 16 種類のふるいでふるい分けを行い，各ふるいに残留したもの，あるいは通過したものの質量百分率と，ふるい目の開きとの関係を図に表したものを粒度曲線（grading chart）という（表 2.13 および図 2.14）。

標準的な範囲が土木学会によって定められているので，この範囲の中に入る

表 2.13 ふるい分け試験例

ふるいの呼び寸法〔mm〕	ふるいにとどまるものの質量百分率〔%〕		ふるいの呼び寸法〔mm〕	ふるいにとどまるものの質量百分率〔%〕	
	細骨材	粗骨材		細骨材	粗骨材
100			15		62
80			10	0	80
60		0	5.0	5	97
50		1	2.5	13	100
40		4	1.2	26	100
30		15	0.6	55	100
25		29	0.3	79	100
20		44	0.15	95	100
			粗粒率	2.73	7.25

ような粒度曲線をもつ骨材を使用する。

（b）**粗粒率** 80，40，20，10，5，2.5，1.2，0.6，0.15 mm の各ふるいにとどまる試料の質量百分率を加えて，100 で割ったものを粗粒率（fineness modulus）という。例えば表 2.13 の粗骨材の場合

$$(4+44+80+97+100\times 5)\times 1/100 = 7.25$$

骨材が小さくなると粗粒率は小さくなる。骨材の粗粒率は，細骨材で 2.6〜3.1，粗骨材で 6〜8 程度が適当である。

粗粒率が同じであっても粒度の異なる骨材が無数にある。したがって，粗粒

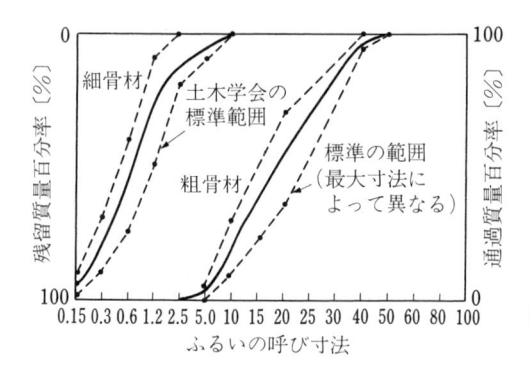

図2.14 粒度曲線

率はおもに骨材の粒度の管理に使われる。すなわち，粗粒率の変化を監視することによって粒度が変化したことを知ることができる。

一般に，細骨材の場合，粗粒率が 0.20 以上の変化を示したときには配合を修正することを検討しなければならない。

〔5〕 **粗骨材の最大寸法**　粗骨材は構造物の種類によって最大寸法を定めている。ただし，粗骨材の最大寸法（maximum size of coarse aggregate）とは骨材のうちの寸法の一番大きなものではなく，"質量で少なくとも 90 % が通るふるいのうち，最小寸法のふるいの呼び寸法で示される粗骨材の寸法" ということになっている（図 2.15）。したがって，最大寸法 A 〔mm〕といっても，それより大きな寸法はないという意味ではない。例えば，表 2.13 に示す粗骨材の場合は，最大寸法は 40 mm となる。また，規定されたふるい目の寸法以外の寸法も存在しない。

粗骨材の最大寸法についてなんらの制限がない場合，所要の品質のコンクリートを経済的につくるためには，できるだけ最大寸法の大きい粗骨材を選ぶの

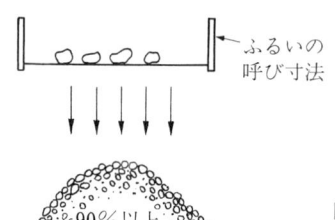

図2.15　粗骨材の最大寸法

が一般には望ましい。最大寸法を大きくすれば，所要の性質のコンクリートをつくるための単位水量や単位セメント量を減らすことができ，でき上がったコンクリートの乾燥収縮も少なくなる。しかし，使用できる骨材の最大寸法は，部材の最小寸法，鉄筋の最小純間隔およびコンクリートの練混ぜ，取扱い，打込み等の条件によって制限がある。

構造物の種類による粗骨材の最大寸法の標準値を**表 2.14** に示す。

表 2.14 粗骨材の最大寸法

構造物の種類	粗骨材の最大寸法
鉄筋コンクリート	部材最小寸法の 1/5，鉄筋の最小あきの 3/4 およびかぶりの 3/4 を超えてはならない。一般の場合は 20 mm または 25 mm，断面の大きい場合は 40 mm をだいたいの標準とする
無筋コンクリート	40 mm を標準とし，部材最小寸法の 1/4 以下
コンクリート工場製品	40 mm 以下で，工場製品の最小厚さの 2/5 以下でかつ鋼材の最小あきの 4/5 以下

〔土木学会：RC 示方書(2012)〕

〔6〕 **単位容積質量** 一定容積の容器を満たす骨材を，単位容積に対する絶乾状態の質量で表したものを**単位容積質量**（mass of unit volume）といい，骨材を容積で計算する場合に必要である。一定の密度の材料では単位容積質量は，骨材の粒度と粒形，含水率等によって決まる。そのため，単位容積質量は骨材の粒形判定の目安にも用いられる。

実積率（percentage of absolute volume, solid volume percentage）とは，容器に満たした骨材の絶対容積の，その容器の容積に対する百分率であり

$$\text{実積率 } G\,[\%] = T \times \frac{100+Q}{D_s} \tag{2.5}$$

によって計算する。

ここに，T：骨材の単位容積質量〔kg/l〕，Q：骨材の吸水率〔%〕，D_s：骨材の表乾密度

普通の細骨材では，単位容積質量は 1.50〜1.85 kg/l，実積率は 53〜73 % 程度，普通の粗骨材では，単位容積質量は 1.55〜2.00 kg/l，実積率は 45〜70

%程度である。

〔7〕 **強度および耐久性**　コンクリートの強度は，骨材の強度がセメントペーストの強度より大きい場合には主としてセメントペーストの強度に支配され，骨材の強度がセメントペーストの強度より小さい場合には主として骨材の強度に支配されると考えられる。したがって，骨材はセメントペーストの強度より強いことが望ましい。弱い骨材が混入すると，その混入比が高くなるにつれてコンクリートの強度が下がる。粗骨材はすりへりに対してもある程度の抵抗性を有していなければならず，RC示方書では，JIS A 1121 によるすり減り減量は 35 % 以下と定めている。

　骨材は安定で耐久的でなければならない。安定で耐久的という意味は，おもに気象作用によって崩壊したり分解したりしないことであり，不安定な骨材を用いたコンクリートが凍結融解作用，乾燥湿潤作用，あるいは激しい温度変化を受けると，ひび割れ，はく離，崩壊等の損傷を受ける。吸水率の大きい骨材は不安定 であったり，乾燥収縮量が大きくなる場合が多いので注意しなければならない。

　骨材の耐久性を調べるには，硫酸ナトリウム飽和溶液に浸したのち乾燥させるという操作を 5 回繰り返し，そのときの損失質量が限度以下であるかどうかを調べる，という方法が用いられる。RC示方書では，その限度を細骨材で 10 %，粗骨材で 12 % としている。限度以下のものは安定なものと考えられるが，限度以上のものでもその骨材を用いてつくったコンクリートの耐久性の実例，あるいは凍結融解試験の結果によって判断することになっている。

〔8〕 **有害物質**

（a）**微細物質（シルト，粘土，雲母片など）**　シルト，粘土などの微細物質を多く含むと，所定のコンシステンシーのコンクリートをつくるために必要な単位水量が多くなり，また，ブリーディング水とともにそれらがコンクリートの表面に出て弱い有孔質の層をつくり，強度，耐久性，すりへり抵抗性を低下させる。また，骨材の表面に密着している場合には，セメントペーストと骨材との付着を害し，強度を低下させる。しかし，粘土，シルトなどは，骨材

の表面に密着しないで均等に分布していれば，必ずしも有害ではなく，貧配合のコンクリートの場合，その強度を増すことがある。

　雲母を多量に含む細骨材を用いると，コンクリートの強度が小さくなるばかりでなく，風雨の作用で雲母が分解するのでよくない。特にコンクリートのすりへりに対する抵抗力を小さくする。RC示方書では，**表2.15**に示すような有害物質含有量の限度を設けている。

表2.15 有害物含有量の限度(質量百分率)

種　　　類	細　骨　材	粗　骨　材
粘土塊[1]	1.0	0.25
微粒分量		1.0[2]
コンクリートの表面がすりへり作用を受ける場合	3.0[3]	
その他の場合	5.0[3]	
塩化物	0.04[4]	

1) 試料は，JIS A 1103による骨材の洗い試験を行った後にふるいに残存したものを用いる。
2) 砕石の場合で，微粒分量試験で失われるものが砕石粉であるとき，最大値を1.5％にしてもよい。また，高炉スラグ粗骨材の場合は，最大を5.0％としてよい。
3) 砕砂およびスラグ細骨材の場合で，微粒分量試験で失われるものが石粉であり，粘土，シルト等を含まないときは，最大値をおのおの5.0％，および7.0％にしてもよい。
4) 細骨材の絶乾質量に対する百分率であり，NaClに換算した値で示す。

〔土木学会：RC示方書(2012)〕

(b) 有機不純物　　腐食土など，有機物の種類によっては，その中に含まれる有機酸とセメントの水和によって生じる水酸化カルシウムとが結合して有機酸石灰塩をつくり，セメントの水和反応を阻害し，はなはだしいときにはコンクリートが硬化しないこともある。

　天然砂に含まれる有機不純物 (organic impurities) は，JISに定める比色試験によって試験する。比色試験で不適当となった砂であっても，モルタル試験によって，有機物を除去してつくったモルタルの圧縮強度の90％以上の強度が出ることが確認された場合には用いてもよい。

(c) 塩化物　　海砂などで，塩化物を含む砂を鉄筋コンクリート用のコンクリートに用いると，鉄筋を腐食させるおそれがある。

　塩化物の許容限度については，ほかの原因で入ってくる塩化物の割合，コン

クリートの配合，鉄筋のかぶりなどによって異なるので簡単には決められないが，いずれにしても十分な管理のもとで確実な除塩をしてからでないと，海砂は使用してはならない（2.4.8項の〔4〕参照）。

〔9〕 **アルカリ骨材反応**　アルカリ骨材反応（alkali aggregate reaction）は，セメントその他によるアルカリ（主として Na_2O および K_2O）と骨材中のある種のシリカ成分とが反応し，その反応物が水を吸収して膨張するものである。

反応性のある骨材を用いたときには必ず膨張するとは限らず，アルカリや，$Ca(OH)_2$ の濃度と反応性物質の有効表面積の割合によっては，非膨張性の反応物ができて膨張しないこともある。したがって，反応性の疑いのある骨材を用いるときには膨張反応をするかどうかに，十分注意しなければならない。反応性のある鉱物としては，オパール，玉ずいなど種々のものがある。

2.2.3　水

コンクリート用の水は，油，酸，塩類，有機物など，コンクリートの品質に影響を及ぼす物質の有害量を含んではならない。そして，一般には，特別の味，におい，色および濁りがなくて飲用に適する水は使用できると考えてよい。

塩化物が入っている場合には，鉄筋を錆びさせるおそれがあるので，別途その含有量をチェックしなければならない。

レディーミクストコンクリート工場やプレキャストコンクリート工場から出る**スラッジ水**（sludge water：ミキサその他，コンクリートが付着している器具を洗った水から骨材を除いたもので，上澄み液と固形分とがまじったもの）は，コンクリートに悪影響がなく，また懸濁濃度，懸濁物質の単位セメント量に対する割合などを十分に管理できるものであれば，練混ぜ水として使用可能であるが，これらの中には塩化物，アルカリ，各種混和剤等が含まれていることがあるので，これらを考慮することが必要である。

2.2.4　混　和　材　料

混和材料（admixture）とは，セメント，水，骨材以外の材料で，打込みを行う前までに必要に応じてセメントペースト，モルタルまたはコンクリートに

加える材料をいう。

混和材料を加えるおもな目的は，コンクリートの各種の性質の向上のため，および経済性のためである。

混和材料のうち，使用量が比較的多くて，それ自体の容積がコンクリートの配合の計算に関係するものを**混和材**（additive, admixture mineral）といい，使用量が比較的少なくて，それ自体の容積がコンクリートの配合の計算において無視されるものを**混和剤**（chemical admixture, admixture）という（図2.16）。しかし，この材と剤との使い分けは，ただ単に経験から行われているにすぎず，明確な境界は存在しない。一般には，使用量がセメントの1％程度以下に対して剤を，5％程度以上に対して材を用いるようである。

```
混和材料 ─┬─ 混和材 ── ポゾラン，鉱物質微粉末，膨張材等
         └─ 混和剤 ── AE剤，減水剤，AE減水剤，高性能AE減水剤，流動化剤，遅延剤，
                       硬化促進剤，急結剤，発泡剤，水中不分離性混和剤，防せい剤，増粘剤等
```

図2.16　混和材料の種類

最近のコンクリートでは，混和材料を用いるのが普通になってきており，レディーミクストコンクリートのJISにおいても，AE剤またはAE減水剤を用いることになっている。また，工事によっては，混和剤を用いないと施工ができないものも多い。したがって，コンクリートにとって，混和材料はたいへん重要なものである。

混和材料を入れると，コンクリートの性質が変わるのであるが，その変わり方は，コンクリートの配合，セメントの種類，骨材の粒度，その他混入されている不純物，施工法等によって大きく異なるものである。

セメントに関していえば，同じ種類のセメントであっても，製造工場や場合によっては，製造ロットによっても異なる。混和材料の使用法を間違えるとむしろ，コンクリートにとって害になることもある。したがって，混和材料の使用に当たっては，事前に十分な検討を行わなければならない。

(a) **ポゾラン**　　ポゾラン（pozzolan）は，シリカ質あるいは，シリカおよびアルミナ質の材料で，それ自身ではほとんど水硬性はないが，微粉砕さ

れ，水分を与えられると，セメントと水との反応によって生じた水酸化カルシウムと常温で反応し，不溶性の化合物となる。これを**ポゾラン反応**（pozzolanic reaction）という。結晶質のシリカは，反応性が非常に低いので，ポゾランに含まれるシリカは非結晶質である。

ポゾランの中で多く用いられる物は，**フライアッシュ**（fly ash, pulverized fuel ash）である。ポゾランは，セメントの増量材という考えで用いられることもあるが，このコンクリートは，用いないものより優れた性質もあるので，これを期待した使われ方も多い。フライアッシュの種類は**付表16**に示す。

あらかじめ，ポゾランをポルトランドセメントに混合したものが，シリカセメントあるいはフライアッシュセメントとして市販されている（シリカセメント，フライアッシュセメント参照）。

ポゾランの一種で，高強度コンクリートや高水密性コンクリートをつくるために用いられるのが**シリカフューム**（silica fume）である。シリカフュームは，フェロシリコンや金属シリコンを生産するときの副産物で，粒径1 μm以下の超微粒子である。

（b）**鉱物質微粉末**　鉱物質微粉末のうち，混和材として多く用いられる物は，水砕スラグの微粉末である。**付表17**に高炉スラグ微粉末の種類を示す。

スラグは，石灰，シリカ，アルミナの混合物であり，セメントと水との反応によって生じた水酸化カルシウムがスラグの水和の引き金となって，直接スラグと水とが反応する。このような性質のことを，**潜在水硬性**（latent hydraulic property）という。あらかじめ，スラグ微粉末をポルトランドセメントに混合し，成分調整したものは，高炉セメントとして市販されている（高炉セメント参照）。

（c）**膨張材**　コンクリートは，乾燥すると収縮する。コンクリートが収縮すると，収縮に対する拘束のされ方によっては，コンクリートに大きな内部応力が発生し，ひび割れが入ることもある。したがって，乾燥収縮があることは，コンクリートの土木材料としての大きな欠点となっている。これらの欠点を補うために用いられるのが膨張材（expansive admixture）であり，これを

利用するとセメントの硬化段階でコンクリートが膨張するため，乾燥収縮を打ち消すことができる。さらに，その膨張力を利用した**ケミカルプレストレス**(chemical prestress) を期待することもある。

わが国で用いられている膨張材は，エトリンガイト (ettringite：$3\,CaO\cdot Al_2O_3\cdot 3\,CaSO_4\cdot 32\,H_2O$) 生成による膨張を利用するものと，CaO の水和によって生成される $Ca(OH)_2$ の結晶圧による膨張を利用するものとの2種類が主であり，これらの膨張材の使用量は，コンクリート $1\,m^3$ 当り 30 kg 前後である。その他，グラウト用としては，鉄粉のさびの膨張を利用したものもある。図 2.17 は，膨張材の効果を示したものである。

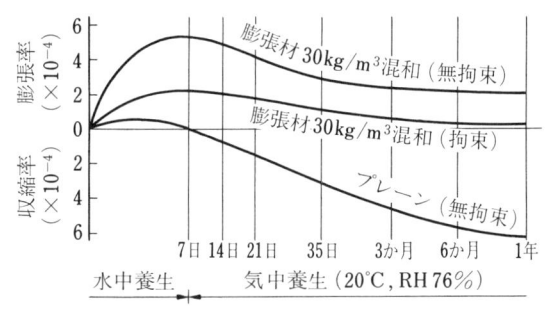

図 2.17 膨張材の効果（小野田セメント資料）

(d) AE 剤 AE 剤とは，Air Entraining agent（空気連行剤）の頭文字からとった名で，微小な独立した空気の泡（**エントレインドエア**：entrained air という）を，コンクリート中に一様に分散させるために用いる混和剤である。

コンクリート中にエントレインドエアを入れた場合，硬化コンクリートに対しては，凍害に対する耐久性（耐凍害性）が著しく増大する。一方，強度は若干（空気1％当り 5.5％程度）低下する。フレッシュコンクリートに対しては，エントレインドエアがボールベアリングのような働きをするため，ワーカビリティーもよくなる。

エントレインドエアを入れると同じワーカビリティーのコンクリートをつくるために必要な水量は減少するため，単位セメント量が同じであれば水セメン

ト比を小さくすることができ，空気の連行による強度低下を補うことができる。

（e）**減水剤**　減水剤（water reducing agent）は，セメント粒子を分散させることによってセメントペーストの流動性を増し，コンクリートの所要のワーカビリティーを得るために必要な単位水量を減らすことを主目的とした混和剤である。普通の減水剤のほかにも，同時に AE 剤の作用ももたせた **AE 減水剤**（AE water reducing agent）や，多量に使用できるようにつくられているため減水作用の大きい**高強度用減水剤**（高性能減水剤：high-range water reducing agent, superplasticizer）等もある。

減水剤のおもな成分は界面活性剤であり，これらの物質がセメント粒子に吸着して，粒子どうしに反発を起こさせて粒を分散させるのである。

（f）**高性能 AE 減水剤**　高性能 AE 減水剤（high-range AE water reducing agent）は，空気連行の作用とともにより高い減水作用を持ち，さらにスランプロスも小さくする減水剤である。したがって，これを用いることによって，高流動コンクリートなど，高い流動性を有するコンクリートを生コン工場で製造することも可能となる。

（g）**流動化剤**　流動化剤（plasticizer）は高性能減水剤の一種であり，コンクリート打ちのときに硬練りコンクリートの流動性を一時的に大きくすることによって，コンクリートの品質を維持したまま打込み・締固めを容易にするための混和剤である。

（h）**遅延剤**　遅延剤（retarder）はセメントの凝結時間を遅らせることを目的とした混和剤である。暑中コンクリートにおいて，高温のため凝結時間が早くなるようなとき，あるいはコールドジョイントの防止等に用いられる。

（i）**硬化促進剤**　硬化促進剤（accelerator）は，セメントの強度発現を促進するためのもので，寒中コンクリート，あるいは応急修理の場合等に用いられる。

2.3　コンクリートの製造

コンクリート以外の多くの土木材料においては，材料としては工場等で製造

されたものを入手して，それを加工したり組み立てたりするのが，土木技術者の仕事となる。ところが，コンクリートにおいては，材料であるコンクリートそのものも土木技術者が製造しなければならない。生コンクリートとして入手する場合であってもコンクリートの施工には関与することが多いため，少なくとも技術的な知識をもって，つねに製造の全工程を把握していなければならない。

コンクリートの製造には，以下のような内容が含まれる。

（1） 原料の入手や吟味，（2） 原料の組合せ（配合の設計），（3） 練混ぜ，（4） 型枠，足場支保工の設計・施工，（5） 型枠へのコンクリートの打込み，（6） 必要な強度が出るまでの管理

このうち，かなりの部分は，まだ固まらないコンクリート（フレッシュコンクリート）を対象とした作業となる。そのため，コンクリートの製造を勉強するためには，まずフレッシュコンクリートの性質について知っておかなければならない。

2.3.1 フレッシュコンクリートの性質

でき上がったコンクリートがよいコンクリートとなるためには，コンクリートの製造中に生じる欠陥がなるべく少なくなるようにすることが重要である。そのため，フレッシュコンクリートは，練混ぜ，運搬，打込み，締固め，仕上げ等を行うのがなるべく容易となるようなものでなければならない。

フレッシュコンクリートの性質を表す用語には以下のようなものがある。

（**a**） **コンシステンシー**（consistency）　変形あるいは流動に対する抵抗性の程度で表されるフレッシュコンクリート，フレッシュモルタルまたはフレッシュペーストの性質（主として，スランプ試験によって求められている）。

（**b**） **ワーカビリティー**（workability）　コンシステンシーおよび材料の分離に対する抵抗性の程度によって定まるフレッシュコンクリートの性質であって，運搬，打込み，締固め，仕上げなどの作業の容易さを表す。

（**c**） **フィニッシャビリティー**（finishability）　粗骨材の最大寸法，細骨材率，細骨材の粒度，コンシステンシー等による仕上げの容易さを示すフレッ

シュコンクリートの性質。

〔1〕 **ワーカビリティー**　ワーカビリティーは，フレッシュコンクリートの性質の中で最も重要なものであり，また最も多く使われる言葉である。しかし，ワーカビリティーの意味する内容を考えてみると，これはきわめてあいまいなものである。

ワーカビリティーを，施工する構造物に関係なしに，それぞれのコンクリートの固有の性質として考えると理解しやすく合理的であり，また使いやすいということで，例えば"一定の条件で締め固められたとき，コンクリートがどの程度密実になったか"で判定するのがよいという考えもある。しかし，この定義を用いると，同じコンクリートであっても，施工する断面が厚い場合によいコンクリートが必ずしも断面が薄い場合にもよいとはいえないとか，締固めの方法の違いによっても判定が異なってくるなどという実態を表すことはできない。

以上のことから，今日でも意味する内容のあいまいさは残したまま，ワーカビリティーは，スランプ試験（slump test）によるスランプ値を求めたり，その後，コンクリートをたたいて，そのときの崩れ具合を観察したりして施工する部材ごとに総合的に判断する。

コンクリートのワーカビリティーに影響を与えるおもな因子は，コンクリートの単位水量，空気量，骨材の最大寸法・粒度・形状・表面組織・密度，混和材料，コンクリートの温度等である。

骨材の種類や粒度，その他使用材料が一定で，目標とするスランプ値も一定の場合，コンクリートの単位水量は単位セメント量にかかわらず，ほぼ一定となるので，この関係を用いると，単位セメント量の異なる種々のコンクリートの配合を決定することができる。

〔2〕 **材料の分離**　材料の分離（separation, segregation）とは，コンクリート構成成分のうちの一部がほかから離脱することであり，一般には望ましくないことである。したがって，硬化したコンクリートが均一で所定の性質となるためには，フレッシュコンクリートにおいて，材料の分離はなるべく少な

くしなければならない。

表 2.16 に，コンクリートを構成している各材料の密度と，体積割合の一例を示すが，コンクリートを構成している材料は，それぞれの密度や大きさがたいへん異なるため，つねに重力によって，また外から与えられた加速度によって，分離しようとする傾向にあるものである。したがって，一般にたがいの粘着力や摩擦力の作用その他によって，一応は均一に混合された状態に保たれているのであるが，つねに若干の分離は生じるものであり，配合が不適当であったり，取扱いが不適当であったりした場合には，すぐに問題となるような分離を起こすことになる。

表 2.16　コンクリート構成材料の密度

	体積〔%〕	密度
セ メ ン ト	10	3.15
水	15	1.00
細 骨 材	25	2.65
粗 骨 材	45	2.70
空 気	5	0.00

発生する分離のタイプとしては，構成物中の粗い成分（主として，粗骨材）がほかから離脱する場合（タイプ I，図 2.18），逆に細かい成分（主としてモルタルまたはペースト分）がほかから離脱する場合（タイプ II，図 2.19）および，さらに細かい成分（主として水）がほかから離脱する場合（タイプ III，図 2.20）が考えられる。

このうち，タイプ I とタイプ II は，原因が異なるものであるが，分離した結果に現れる現象としては似ており，いずれも骨材が集中し，そのすき間にモル

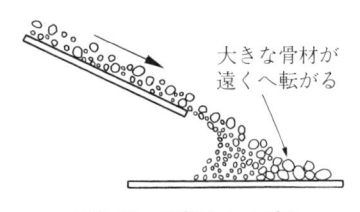

図 2.18　分離のタイプ I

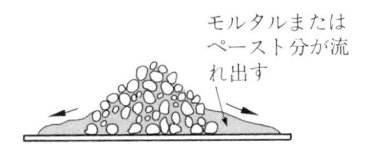

図 2.19　分離のタイプ II

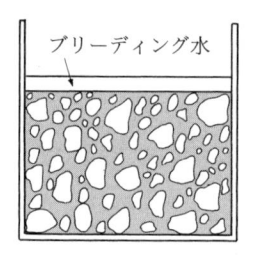

図 2.20 分離のタイプⅢ

タルまたはペーストが満たされていないため，空げきが極端に大きくなるとともに，骨材どうしの一体性が保たれなくなっている。

分離の発生する原因にも種々あるが，大きく分けるとコンクリートの運搬・打込み中に生じるものと，打込み作業が終了した後に生じるものとがある。

（a）コンクリートの運搬・打込み中に生じる分離 コンクリートの運搬中に生じる分離は，その運搬方法によって異なる。比較的長距離の運搬によって生じるものは，タイプⅡの分離であり，主として長時間の振動がコンクリートに与えられたことによって発生すると思われる。これを防ぐためには，コンクリートを分離しにくい配合にするとともに，長時間運搬する場合には，トラックアジテータを使って分離を防いだり，分離したコンクリートは練り直したりしなければならない。

コンクリートの打込み中に生じる分離は，主としてコンクリートを高い所から落としたり，シュートで横方向に流したり，何かにぶつけたりしたときに生じ，タイプⅠの分離である。これは，粗い構成物は細かいものより粘着力が小さく，斜面を早く落ちる傾向があるために起こるものである。

このタイプの分離が発生したままコンクリートが硬化すると，部分的に細粒分の少ない部分ができることになるが，これは**豆板**あるいは**ジャンカ**（honeycomb）と呼び，施工不良の代表的な物の一つとなっている（図 2.21，2.22）。これを防ぐためには，適当なワーカビリティー，特に粘着力のある配合にするとともに，施工に気を付ける必要がある。

せき板の継目等が水密でない場合にも，そこからペースト分が流出して，タイプⅡの分離が起こり，同じような欠陥ができる。

2.3 コンクリートの製造   49

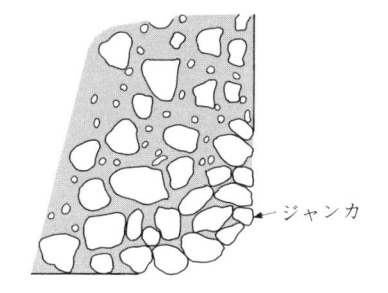

図2.21 ジャンカの例

(a)　(b)
(c)　(d)

図2.22 ジャンカの例

(b) コンクリートの打込み作業が終了した後に生じる分離　コンクリートの打込み終了後に生じる分離の代表的なものは，**ブリーディング**（bleeding）であり，これはタイプⅢの分離である。

ブリーディングは，コンクリート中の固体の成分がまだ固まらない状態で徐々に沈下することによって生じるものであり，これは見方を変えると，コンクリート中から水が浮き出てくるように見えるものである。そのため，コンクリートの上部では，水分が多くなり，特に表面仕上げのときにブリーディング

水を一緒にまぜると，表面付近のコンクリートは弱くなる。

また，ブリーディングに伴って，コンクリートまたはモルタルの表面に浮き出て沈殿した微細粒物質を**レイタンス**（laitance）という。

2.3.2 配合設計

コンクリートの配合設計とは，2.2節で説明したコンクリート材料を用いて，コンクリートを製造する場合の各材料の使用割合を定めることをいう。

コンクリートは，使用材料が同じであっても，それら材料の配合割合によって種々の性質のものが製造できるため，そのコンクリートの使用目的に応じて，最も適当となるような配合設計を行わなければならない。

一般には，でき上がった構造物において，硬化後のコンクリートの性能が所要のものとなるよう，配合を検討することになるが，また，そのときには同時に，施工性や経済性も考慮する必要がある。

硬化後のコンクリートの所要の性能として考えなければならないおもな項目およびその項目に関連する配合上の検討事項は

　ⅰ）　強度　　水セメント比
　ⅱ）　耐久性　　水セメント比，空気量，単位セメント量
　ⅲ）　剛性　　（使用骨材の品質），水セメント比
　ⅳ）　水密性　　水セメント比
　ⅴ）　耐火性　　（使用骨材の品質）

配合設計をするに当たって，施工性に関して考慮するおもな項目は

　（1）　ワーカビリティー，フィニッシャビリティー，ポンパビリティー等
　（2）　乾燥収縮量
　（3）　発熱量
　（4）　ブリーディング量

〔1〕　**配合の表し方**　　コンクリートの配合を表す場合には，まず，強度，耐久性，施工性等，そのコンクリートにとって必要な性能を決定する因子を定め，つぎにそれらの因子を満足するようにコンクリート $1\,m^3$ 当りの各材料の使用量を定めて配合表に示す。その際の骨材は表面乾燥飽水状態であり，細骨

材は5mmふるいを通るもの，粗骨材は5mmふるいにとどまるものと仮定する。

なお，コンクリート製造時においては，配合表に示すコンクリートができるように，現場における材料の状態に応じて，各材料の使用量を修正する。すなわち，現場の骨材は一般に表乾状態ではないので，それぞれの含水状態による骨材量と水量の補正と，現場の細骨材中の5mmふるいにとどまる量や粗骨材中の5mmふるいを通る量による骨材量の補正とを行う。また，混和剤を水に薄めて使用する場合には，混和剤による水分の補正をしなければならない。

配合の表し方は，一般に**表2.17**による。ただし，軽量骨材を使用する場合には，施工中，軽量骨材の含水状態を一定にすることは難しいので，骨材を質量で示さず，絶対容積で示すことになっている。また，軽量骨材の使用に当たっては，施工中の吸水の程度をなるべく少なくするように，一般には骨材にあらかじめ吸水させておく。これを**プレウェッティング**（prewetting）という。

配合の表し方のうち，コンクリート1m³当りに使用する水量 W は，**単位水量**（water content）と呼ばれ，同様に，コンクリート1m³当りのセメント

表2.17 配合の表し方

粗骨材の最大寸法 〔mm〕	スランプ[1] 〔cm〕	空気量 〔%〕	水セメント比[2] W/C 〔%〕	細骨材率 s/a 〔%〕	単 位 量 〔kg/m³〕					
					水 W	セメント[3] C	混和材[3] F	細骨材 S	粗骨材 G 〔mm〕〜〔mm〕	混和剤[4] A

注1) 必要に応じて，打込みの最小スランプや練上りの目標スランプを併記する。
 2) ポゾラン反応性や潜在水硬性を有する混和材を使用する場合は，水セメント比は水結合材比（$W/(C+F)$）となる。
 3) 複数の混和材を用いる場合は，必要に応じて，それぞれの種類ごとに分けて別欄に記述する。
 4) 混和剤の単位量は，ml/m³，g/m³またはセメントに対する質量百分率で表し，薄めたり溶かしたりしない原液の量を記述する。

〔土木学会：RC示方書(2012)〕

量 C は，**単位セメント量**（cement content）と呼ばれる（〔3〕項参照）。

〔2〕 配合条件の設定

（a） **粗骨材の最大寸法**　同じ強度，同じスランプのコンクリートをつくる場合，粗骨材の最大寸法は，大きいほど単位ペースト量を少なくすることができるため，単位水量，単位セメント量が少なくなり，一般には経済的である。しかし，あまり大きくすると，コンクリート自体が不均質となったり，ブリーディングによって，骨材とペーストとの付着が弱くなり，水密性が劣るなどの問題が出てくる。また，部材寸法や，鉄筋間隔等によっても，粗骨材の最大寸法は制限を受ける。

　RC 示方書では，一般のコンクリート部材に対し，骨材の最大寸法は，部材最小寸法の 1/5，鉄筋の最小あきの 3/4 およびかぶりの 3/4 を超えてはならないことになっている。そして，標準としては，一般の場合 20 mm か 25 mm，断面の大きい場合は 40 mm が使われる（表 2.14 参照）。

（b） **スランプ**　でき上がった構造物において，コンクリートの性能が所要のものとなるためには，コンクリートの施工もたいへん重要である。施工が満足できるものとなるには，コンクリートは，それぞれの部材の条件や施工方法に応じた適切なワーカビリティーをもつものでなければならない。

　一般に，スランプが大きくなればなるほど，打ち込みやすくなるが，材料が分離しやすくなり，単位水量が多くなることによって，乾燥収縮量も大きくなる。反対に，スランプが小さすぎると，やはり材料分離が起こったり，十分締め固めることができないなど作業に適さなくなる。したがって，コンクリートのスランプは，作業に適する範囲内でできるだけ小さいものを選ぶのがよい。

　配合設計においては，最初に打込みの最小スランプを設定する。つぎに，打込みの最小スランプを基準として，これに現場内での運搬に伴うスランプの低下，製造から打込みまでの時間経過に伴うスランプの変化，現場までの運搬に伴うスランプの低下，および製造段階での品質の許容差を考慮して，積卸しの目標スランプおよび練上がりの目標スランプを設定する。

（c） **AE コンクリートの空気量**（air content）　コンクリート中に適当

量のエントレインドエアを入れることによって，気象作用（主として，凍結・融解の繰返し作用）に対する抵抗性は著しく向上する．また，コンクリート中でエントレインドエアは，ボールベアリングのような働きをするため，ワーカビリティーが向上し，同じワーカビリティーを得るための単位水量を減らすことができる．したがって，水セメント比が小さくなるため，空気が入ったことによるコンクリートの強度低下分を，水セメント比が小さくなることによる強度増加で補うことができる．

このようなことから，わが国で一般に使用されるコンクリートの大部分は，AEコンクリートである．AEコンクリートの空気〔エントラップトエア（2.4.1項の〔1〕等参照）とエントレインドエアとの合計〕の適当量としては，粗骨材の最大寸法，その他によって異なるが，原則としてコンクリートの凍結融解試験から求まる相対動弾性係数の設計値 E_d（$=E_k/\gamma_c$）が次式を満足するように定める．

$$\gamma_i \frac{E_{\min}}{E_d} \leq 1.0 \tag{2.6}$$

表 2.18 凍害に関するコンクリート構造物の性能を満足するための相対動弾性係数の最小限界値 $E_{\min}$〔%〕

気象条件 断面 構造物の露出状態	気象作用が激しい場合または凍結融解がしばしば繰り返される場合		気象作用が激しくない場合，氷点下の気温となることがまれな場合	
	薄い場合[2]	一般の場合	薄い場合[2]	一般の場合
(1) 連続してあるいはしばしば水で飽和される部分[1]	85 (55)	70 (60)	85 (55)	60 (65)
(2) 普通の露出状態にあり，(1)に属さない場合	70 (60)	60 (65)	70 (60)	60 (65)

1) 水路，水槽，橋台，橋脚，擁壁，トンネル覆工等で水面に近く水で飽和される部分および，これらの構造物のほか，桁，床版等で水面から離れてはいるが融雪，流水，水しぶき等のため，水で飽和される部分
2) 断面の厚さが 20 cm 程度以下の構造物の部分
（　）内は凍結融解作用に関する照査を行わない場合のAEコンクリートの最大水セメント比〔%〕

〔土木学会：RC 示方書(2012)〕

ここに，γ_i は構造物係数であり，一般には 1.0，重要構造物に対しては 1.1 とする。E_k は相対動弾性係数の特性値，γ_c はコンクリートの材料係数で一般に 1.0，上面の部位に対しては 1.3。また E_{min} は相対動弾性係数の最小限界値であり**表 2.18** に示す。一方，E_k は $\gamma_p \dfrac{E_k}{E_p} \leqq 1.0$ を満足するように定める。ここに E_p は相対動弾性係数の予測値であり，凍結融解試験の試験値。γ_p は E_p の精度に関する安全係数で一般に 1.0〜1.3 であり，JSCE-G 501 によって求めた

表 2.19 コンクリートの単位粗骨材かさ容積，細骨材率および単位水量の概略値

粗骨材の最大寸法 〔mm〕	単位かさ粗骨材容積 〔%〕	空気量 〔%〕	AE コンクリート			
			AE 剤を用いる場合		AE 減水剤を用いる場合	
			細骨材率 s/a 〔%〕	単位水量 W 〔kg〕	細骨材率 s/a 〔%〕	単位水量 W 〔kg〕
15	58	7.0	47	180	48	170
20	62	6.0	44	175	45	165
25	67	5.0	42	170	43	160
40	72	4.5	39	165	40	155

(1) この表に示す値は，全国の生コンクリート工業組合の標準配合などを参考にして決定した平均的な値で，骨材として普通の粒度の砂（粗粒率 2.80 程度）および砕石を用い，水セメント比 0.55 程度，スランプ約 8 cm のコンクリートに対するものである。
(2) 使用材料またはコンクリートの品質が(1)の条件と相違する場合には，上記の値を下記により補正する。

区 分	s/a の補正 〔%〕	W の補正 〔kg〕
砂の粗粒率が 0.1 だけ大きい（小さい）ごとに	0.5 だけ大きく（小さく）する	補正しない
スランプが 1 cm だけ大きい（小さい）ごとに	補正しない	1.2 % だけ大きく（小さく）する
空気量が 1 % だけ大きい（小さい）ごとに	0.5〜1 だけ小さく（大きく）する	3 % だけ小さく（大きく）する
水セメント比が 0.05 大きい（小さい）ごとに	1 だけ大きく（小さく）する	補正しない
s/a が 1 % 大きい（小さい）ごとに	—	1.5 kg だけ大きく（小さく）する
川砂利を用いる場合	3〜5 だけ小さくする	9〜15 kg だけ小さくする

なお，単位粗骨材かさ容積による場合は，砂の粗粒率が 0.1 だけ大きい（小さい）ごとに単位粗骨材かさ容積を 1 % だけ小さく（大きく）する。　〔土木学会：RC 示方書(2012)〕

場合には1.0。

以上をまとめると，$E_p \geq \gamma_i \gamma_p \gamma_c E_{\min}$となる。

なお，コンクリートの水セメント比を表中（　）内の値以下にし，空気量を4〜7％にすることによってこの条件は一般に満足することができる。したがって，各配合における標準的な値を**表2.19**に示すが，この程度の空気量であれば，上記の照査は一般には省略できる。

凍結融解作用を受ける海洋の飛まつ帯や凍結防止剤の影響を受ける場所にあるコンクリート構造物の場合には，水セメント比が45％以下であること，および空気量が6％以上であることを確認することにより，上記の照査は省略できる。

（d）**水セメント比**　水セメント比（water cement ratio：W/C）とは，骨材が表乾状態であるとしたときのセメントペースト部分における水とセメントとの質量比をいい，一般に，水セメント比が小さいほど，コンクリートの強度は大きくなり，耐久性も大きくなるが，反対に，水セメント比が小さいとそれだけ単位セメント量が多くなって不経済となるうえ，硬化するときの発熱量も多くなり，温度ひび割れが発生しやすくなるなどの欠点も増えてくる。したがって，水セメント比はいたずらに小さくすればよいというものではなく，むしろ一般には，でき上がったコンクリートの強度，耐久性，その他の所要の性能を満足する範囲内で，なるべく大きく定める（ただし検討不足によって大きくしすぎないように注意）。

一般のコンクリート構造物においては，水セメント比は，コンクリートの強度と耐久性の要求を満足するように定める。例えば水槽などのように水を通しにくいこと（水密）を必要とする構造物では，さらに十分な水密性をもつために必要な水セメント比とすることが必要である。

コンクリートの圧縮強度に基づいて，水セメント比を定める場合には，以下の手順をとることによって要求を満足することが可能である。

ⅰ）設計基準強度（specified strength：f_{ck}'）に，現場におけるコンクリートの品質のばらつき等を考えた係数γ_pをかけて，**配合強度**（required average strength：f_{cr}'）（予測値f_{cp}'ともいう）を求める。またそのときのコンク

リートの材齢は,一般には 28 日とする (2.4.3 項の〔4〕参照)。

なお,一般には,現場におけるコンクリートの圧縮強度の試験値(現場で採取した 3 個のコンクリート供試体を標準養生して求めた圧縮強度の平均値)が設計基準強度を下回る確率が 5% 以下でなければならないとして,係数 γ_p の値は次式で求める(図 2.23 参照)。

$$\gamma_p = \frac{1}{1 - \frac{1.645}{100}V}$$

ここに V:変動係数

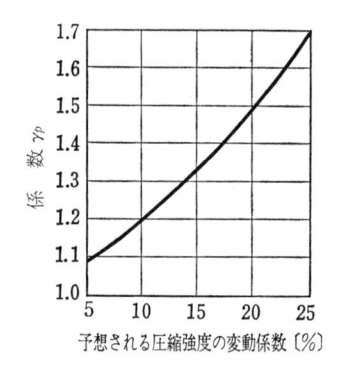

図 2.23 コンクリートの安全係数 γ_p
〔土木学会:RC 示方書 (2007)〕

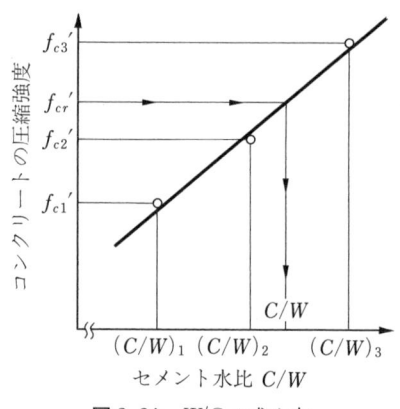

図 2.24 W/C の求め方

ⅱ) 使用材料を用いて,試験によって求めた圧縮強度とセメント水比 (C/W) との関係式(一般には,直線関係と考えられ,水セメント比 (W/C) を定めるにはこの関係を利用すると便利である)より,配合強度 f_{cr}' に相当する C/W を求めると,W/C はその逆数となる(図 2.24)。

コンクリートの耐凍害性に対して照査を行わない場合には,水セメント比は表 2.18 の ( ) 内の値以下でなければならず,海洋鉄筋コンクリート構造物の場合には,表 2.20 の値以下を目安とするのがよい。また,融雪剤の影響を受けることが予想されるコンクリートに対しては,表 2.20 のうち (b) に示す値以下とするのがよい。

表2.20 海洋構造物におけるAEコンクリートの最大水セメント比〔％〕

施工条件 環境区分	一般の現場施工の場合	工場製品または材料の選択および施工において、工場製品と同等以上の品質が保証される場合
(a) 海上大気中	45	50
(b) 飛まつ帯	45	45
(c) 海　　中	50	50

（備考）　実績、研究成果等により、確かめられたものについては、耐久性から定まる最大水セメント比は、表2.20の値に5～10程度を加えた値としてよい。　　　　　　　　　　〔土木学会：RC示方書(2012)〕

　コンクリートの水密性の照査をせず水密性を期待する場合には、水セメント比は55％以下を標準とする。

　（e）細骨材率　　細骨材率（sand percentage：s/a）は、骨材のうち、5 mmふるいを通る部分を細骨材として算出したときの細骨材量と、骨材全量との絶対容積比を百分率で表したもので、所要のワーカビリティーが得られる範囲内で単位水量が最小になるよう、試験によって定める（表2.19にだいたいの標準を示す）。

　（f）単位水量　　単位水量（W）は、作業ができる範囲内で、できるだけ少なくなるよう試験によって定める（表2.19にだいたいの標準を示す）。また、単位水量は粗骨材の最大寸法が20～25 mmの場合で175 kg/m³以下、40 mmの場合で165 kg/m³以下とするのが望ましく、高性能AE減水剤を用いた場合には、原則として175 kg/m³以下とする。

　（g）混和材料の単位量　　単位AE剤量は、所要の性能が得られるように、試験によって定める。AE剤以外の混和材料も、効果がそれぞれの混和材料の特性や配合、施工条件によって相違するので、試験を行ったり、既往の経験を参考としたりして使用量を定める。

　（h）単位セメント量　　コンクリートの単位セメント量（C）は、コンクリートの発熱や、コンクリート中の鉄筋のさびの発生に影響を与えるため、マスコンクリートや、鉄筋コンクリートに使用する場合には、単位セメント量についても検討を行う必要がある。**表2.21**に海洋構造物において耐久性から定まるコンクリートの最小の単位セメント量の目安を示す。

表 2.21 海洋構造物において耐久性から定まる
コンクリートの最小の単位セメント量〔kg/m³〕

環境区分	粗骨材の最大寸法	25〔mm〕	40〔mm〕
飛まつ帯および海上大気中		330	300
海　　　　　　　　中		300	280

〔3〕 **単位量の計算**

（a） **単位セメント量**　　単位セメント量 C〔kg/m³〕は，単位水量 W〔kg/m³〕と水セメント比 W/C より次式によって求める。

$$単位セメント量\quad C = W \times \frac{1}{(W/C)} \quad 〔kg/m^3〕 \tag{2.7}$$

なお，この値が耐久性から定まる単位セメント量より小さい場合には，耐久性から定まる単位セメント量の値とする。

（b） **細骨材および粗骨材**　　単位細骨材量 S〔kg/m³〕と単位粗骨材量 G〔kg/m³〕との間には，つぎの関係がある。

空気の単位体積 V_a ＋セメントの単位体積 V_c ＋水の単位体積 V_w
　＋細骨材の単位体積 V_s ＋粗骨材の単位体積 V_g

$$= 1\,000 \; 〔l〕 \;（図 2.25 参照） \tag{2.8}$$

$$V_a = 空気量〔\%〕 \times \frac{1\,000}{100} \quad 〔l〕 \tag{2.9}$$

$$V_c = 単位セメント量 \; C \times \frac{1}{(セメントの密度)} \; 〔l〕 \tag{2.10}$$

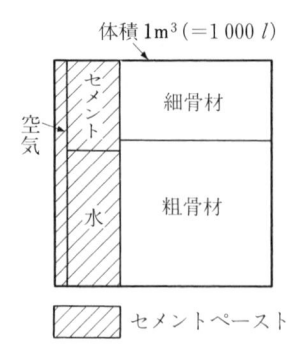

図 2.25　コンクリート材料の体積割合

$$V_s = 単位細骨材量\ S \times \frac{1}{(細骨材の密度)}\ [l] \tag{2.11}$$

$$V_g = 単位粗骨材量\ G \times \frac{1}{(粗骨材の密度)}\ [l] \tag{2.12}$$

$$細骨材率\left(\frac{s}{a}\right) = \frac{V_s}{V_s + V_g} \tag{2.13}$$

このことより

$$V_s + V_g = 1\,000\ [l]\ - V_a - V_c - V_w \tag{2.14}$$

$$V_s + V_g = \frac{V_s}{細骨材率} \tag{2.15}$$

となり，この2式より V_s および V_g が求まると

$$S = V_s \times 細骨材の密度 \tag{2.16}$$

$$G = V_g \times 粗骨材の密度 \tag{2.17}$$

ただし，ここでいう骨材の密度とは，表乾密度である。

〔4〕 **製造時における単位量の補正の例**（ただし1バッチを $1\,\mathrm{m}^3$ と仮定）
現場における各使用材料がつぎのような状態であったとする。

（1） 細骨材のうち，5 mm ふるいにとどまるものの割合 g_s〔%〕

（2） 粗骨材のうち，5 mm ふるいを通過するものの割合 s_g〔%〕

（3） 細骨材の表面水率 ω_s〔%〕（粗骨材中の5 mm ふるいを通過するものも同じと仮定）

（4） 粗骨材の含水率 c_g〔%〕（吸水率 a_g〔%〕とする。また，細骨材中の5 mm ふるいにとどまるものも同じと仮定）

配合表の単位量を

　　　　水量 W_1, セメント量 C_1, 細骨材量 S_1, 粗骨材量 G_1

とし，使用材料の単位量をつぎのようにする。

　　　　水量 W_3, セメント量 C_3, 細骨材量 S_3, 粗骨材量 G_3

（a） **粒度による補正**

$$S_1 = S_2\left(1 - \frac{g_s}{100}\right) + G_2\frac{s_g}{100} \tag{2.18}$$

$$G_1 = S_2 \frac{g_s}{100} + G_2 \left(1 - \frac{s_g}{100}\right) \tag{2.19}$$

これを解くと

$$S_2 = \frac{100 S_1 - s_g (S_1 + G_1)}{100 - (s_g + g_s)} \tag{2.20}$$

$$G_2 = \frac{100 G_1 - g_s (S_1 + G_1)}{100 - (s_g + g_s)} \tag{2.21}$$

（b）含水状態による補正

$$\omega_s = \frac{S_3 - S_2}{S_2} \times 100 \tag{2.22}$$

より

$$S_3 = S_2 \left(1 + \frac{\omega_s}{100}\right) \tag{2.23}$$

$$G_3 = G_{20} \left(1 + \frac{c_g}{100}\right) \tag{2.24}$$

ただし，G_{20} は粗骨材の絶乾質量

$$G_2 = G_{20} \left(1 + \frac{a_g}{100}\right) \tag{2.25}$$

より

$$G_3 = G_2 \frac{1 + c_g/100}{1 + a_g/100} \tag{2.26}$$

$$C_3 = C_1 \tag{2.27}$$

$$W_3 = W_1 + S_1 + G_1 - S_3 - G_3 \tag{2.28}$$

2.3.3 施　　　工

　コンクリートは，使用する材料がいかによい物であり，配合設計が正しく行われていても，施工が悪い場合にはでき上がったコンクリートは，期待していたようなよい品質とはならない。この点がほかの建設材料と大きく異なる点であり，コンクリートにとっては施工はたいへん重要なものである。

　コンクリートの施工の各段階で特に注意をしなければならない事項は，以下のとおりである。

　ⅰ）コンクリート自体に関するもの　　材料の計量，練混ぜ，運搬，打込

み,締固め,養生。

ii) その他の関連するもの　　型枠,足場,支保工。

〔1〕 **材料の計量**　よい品質のコンクリートをつくるためには,配合設計で定めたそれぞれの材料を正確に計量しなければならない。計量誤差が大きければ,それだけでき上がったコンクリートは,ばらつきが大きくなるのである。

一般に各材料は,1バッチずつ質量で計量することになっている。ただし,水と混和剤溶液については,容積で計量してもよい。

RC示方書においては,計量誤差を1回計量分に対し,**表2.22**のように定めている。

最近では,材料の計量および練混ぜは,自動化された専用のプラントで行われることが多く,これを**バッチャープラント**(batching plant;バッチングプランドともいう)といっている(**図2.26**)。

表2.22　RC示方書による計量誤差の最大値

材料の種類	計量誤差の最大値〔%〕
水	1
セメント	1
骨材	3
混和材	2[1]
混和剤	3

1) 高炉スラグ微粉末の場合は1とする。

〔土木学会:RC示方書(2012)〕

図2.26　バッチャープラント

〔2〕 **練混ぜ**　材料を用いて均一なコンクリートをつくるために，十分な練混ぜ（mixing）を行わなければならない。その際のコンクリートの練混ぜには，一般には専用のミキサ（mixer）が使用される。

今日，一般に使用されているミキサには，以下のようなものがある。

（a）**バッチミキサ**　コンクリートをミキサで練り混ぜてつくる場合，1回分のコンクリートを**1バッチ**という。

バッチミキサ（batch mixer）とは，連続ミキサのように連続的にコンクリートを練るのではなくて，1バッチずつ分けて練るミキサである。すなわち，1バッチ分の材料をミキサに投入し，練混ぜ終了後，そのコンクリートをすべてミキサから取り出してから，つぎの1バッチ分の材料を投入する。

したがって，バッチミキサは練り混ぜたコンクリートの均一性がよく，いままで土木工事の大部分に，このタイプのミキサが使われていた。

バッチミキサには，主としてつぎのような種類がある。

ⅰ）**重力式ミキサ**　一般に用いられる**重力式ミキサ**（gravity type mixer）は，**傾胴形ミキサ**（tilting mixer）であり，**図2.27**に示すように，壺のような形のドラムを回転させ，その中に1バッチ分のコンクリート材料を投入する。ドラムの中には羽根が付いているため，その羽根によって中の材料は押し上げられ，回転して落とされ，ドラム中であたかもシャベルでコンクリートを練っているような状態となる。

ⅱ）**強制練りミキサ（パンタイプ）**　**強制練りミキサ**（forced mixing type mixer）は，たらいのような形をしたコンクリート材料を入れる容器

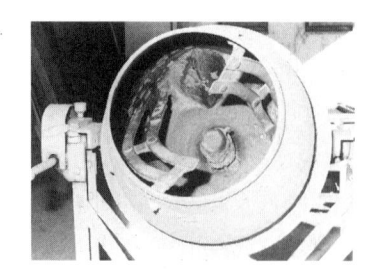

図2.27　傾胴形ミキサ　　　図2.28　パンタイプの強制練りミキサ

（パン）の中心軸まわりに，いくつかの羽根が回転しており，その羽根が材料を強制的に練り混ぜる（図 2.28）。

また，種類によっては，中心軸から少し離れた所に羽根の回転の軸があり，羽根は回転軸のまわりを回転しながら，さらに，容器の中心軸のまわりを回転する。

強制練りミキサは，重力式ミキサでは十分練り混ぜることのできないスランプの小さな硬いコンクリート，粘着力のあるコンクリート，あるいは，軽量コンクリートの練混ぜにも適している。

iii）2軸強制練りミキサ　**2軸ミキサ**（double shaft pugmill mixer）は最近多く使用されるようになったもので，練混ぜ槽の中には二つの横方向の軸があり，そのまわりに羽根が付いている。羽根は二つの軸の間にコンクリートをかき寄せるように回転しているため，コンクリートは槽の中を垂直方向に対向流動する。また，羽根には，角度がついているため，中のコンクリートはさらに平面的にも回転する。

2軸ミキサは構造が単純であり，また練混ぜ効率もよい。

（b）連続練りミキサ（continuous mixer）　連続練りミキサは，コンクリート材料を連続的に投入して，コンクリートを連続的につくるミキサである。

かつて，わが国では，この種のミキサが多く使われていたが，材料の計量誤差が大きいため，コンクリートの配合の精度をよくする要求から，普通のコンクリートに対してはほとんど使われなくなった。しかし，最近になって，連続的に材料をある程度の精度で計量練混ぜすることができる装置が開発されたため，再び一部で使われるようになった（図 2.29）。

（c）練混ぜ　練混ぜ時間は原則として，練上りコンクリートが均等質になるまでの時間を試験によって定めることになっているが，一般には傾胴形ミキサで1分30秒以上，強制練りミキサで1分以上あれば十分である。あまり長く練混ぜを行うと，骨材が砕かれてワーカビリティーが変化したり空気量が減ったりするので所定の時間の3倍以上行ってはならない。

図 2.29 連続練りミキサ

　練混ぜを開始する際には，ミキサにモルタル分が付着して，配合が変わることを防ぐため，あらかじめミキサにモルタルを付着させておく必要がある（これを**バタリング**：buttering という）。
　練り置いて固まり始めたコンクリートを再び練り混ぜることを**練返し**（retempering）という。水を加えずに，練返しを行えば，コンクリートの圧縮強度は増加し，収縮も減少するが，現場で練返しを行うと，十分に練返しが行われないコンクリートになったり，水を加えたりするおそれがあるので，一般には，練返しコンクリートの使用は禁止されている。
　〔3〕**運　搬**　コンクリートは，運搬中に分離を起こしたり，水分の蒸発を起こしたりしないように，制限時間内で運搬しなければならない。
　コンクリートの運搬は
　（1）　製造プラントから現場までの運搬
　（2）　現場内で打込み地点までの運搬（小運搬）
の二つに分けることができる。
　製造プラントから現場まで，コンクリートを運搬するための一般的な機器は**トラックアジテータ**（truck agitator：図 2.30）である。これは，運搬中にコンクリートが分離しないように，つねにコンクリートをアジテート（かき混

図 2.30　トラックアジテータ

ぜ）するような装置が付いたトラックである。

コンクリートのスランプが小さく，かつ運搬距離も短い場合には，**ダンプトラック**（dump truck）が使用されることもある。

現場内の運搬には，つぎのような物が使われる。

ⅰ） コンクリートバケット（concrete bucket）　コンクリートをバケットに入れて打込み地点まで運ぶもので，分離も少なく最も望ましい方法である。バケットの運搬方法としては，各種のクレーンによることが多い（**図 2.31，2.32**））。

図 2.31　コンクリートバケットによる運搬

図 2.32　ダム工事におけるコンクリートバケット

ⅱ） コンクリートポンプ（concrete pump）　コンクリートを輸送管によって運搬するもので，ポンプによってコンクリートを輸送管に押し込む。コンクリートポンプには，ピストン式とスクイズ式とがある。この方法は本来軟練りコンクリートに適しているが，簡便であるため，最近わが国では広く用いられるようになった（**図 2.33**）。

ⅲ） コンクリートプレーサ（concrete placer）　コンクリートポンプに

図 2.33　コンクリートポンプ車（スクイズ式）

図 2.34　シュート

よる輸送と同様，輸送管を用いるが，輸送は圧縮空気で圧送するものである。

　iv）ベルトコンベヤ（velt conveyer）　硬練りコンクリートを連続して打ち込むのに適しているが，運搬時間が長い場合には，運搬中のコンクリートの水分の蒸発を少なくするため，直射日光や風雨を防ぐ覆いを設ける必要がある。また，ベルトコンベヤ先端の打込み地点では，材料の分離のおそれがあるので十分注意しなければならない。

　v）シュート（chute）　コンクリートを高所から下ろす場合には，シュートを用いる。シュートは，管状の縦シュートを用いるのが標準であり，樋状の斜めシュートを用いる場合には，材料分離を起こしやすいので，分離の対策を十分行わなければならない（図2.34）。

〔4〕**打込み**　コンクリートの打込み（placing）は，運搬後分離が発生しないように注意してすみやかに行う。ただちに打ち込むことができない場合でも，練り混ぜてから打ち終わるまでの時間は，外気温が25℃を超えるときで1.5時間以内，25℃以下のときで2時間以内を標準とする。

　また，相当な時間がたったものや，分離を起こした場合には，打ち込む前に水を加えないで**練直し**（remixing）しなければならない。固まり始めたコンクリートは用いてはならない。

　コンクリート打ちの前に，コンクリートが接したとき吸水するおそれのある部分は，あらかじめ湿らせておかなければならない。

　コンクリートを旧コンクリートに打ち継ぐ場合，その継目のことを**打継目**（construction joint）という。打継目の施工に当たっては，旧コンクリートは表面のレイタンス，品質の悪いコンクリート，ゆるんだ骨材粒などを完全に除き，十分に吸水させなければならない。

　新コンクリートを打ち込む直前には，旧コンクリート面にセメントペーストを塗るか，コンクリート中のモルタルと同程度のモルタルを敷くのがよい。

　打ち込む際，粗骨材が分離した場合には，その粗骨材をモルタル分の多い所へ埋め込む。反対に，モルタルを粗骨材の多い所へ入れるようなことをしてはならない。

締固めのため，打込みの1層の厚さは40～50 cm以下とし，2層以上にコンクリートを打ち重ねる場合には，下層のコンクリートが固まり始める前に上層のコンクリートを打ち込まなければならない．下層のコンクリートを練り混ぜ始めてから上層のコンクリートが打ち込まれるまでの時間は，外気温が25℃を超える場合で2.0時間以内，25℃以下の場合で2.5時間以内とするのがよい．なんらかの理由で，下層のコンクリートがすでに固まり始めており，上層のコンクリートと一体化しない場合，この境界面を**コールドジョイント**（cold joint）という．

コンクリートを打ち込む場合，高い所からコンクリートを落とすと材料が分離するおそれがあるので，落とす高さは1.5 m以内としなければならない．

〔5〕**締固め**　コンクリートは，練混ぜや打込みのときに空気を巻き込むため，内部に多くの空げきを含んでいる．そこで打込み終了後，これらの空気（**エントラップトエア**：entrapped air）を追い出さなければならない．このように，空気を追い出す操作は見方を変えると，コンクリートを締め固めていることにもなる．

コンクリートの締固め（compaction）には，一般には棒形内部振動機（internal vibrator）が使われる．構造は，**図2.35**に示すように，振動体（poker）とフレキシブルなパイプとから成っているものが多い．振動体の直径は27～65 mm程度のものが主であるが，中には110 mmのものもある．

振動体の使い方や振動時間は，コンクリートの性質や振動機の性能によって異なるが，一般に50 cm程度以下の間隔で5～15秒間鉛直に挿入し，下層コンクリートに10 cm程度入る深さまで下ろす．引き抜くときには，後に穴が残らないように徐々に引き抜く．薄い壁など，内部振動機の使用が困難な場所には，型枠振動機（form vibrator）を併用する．

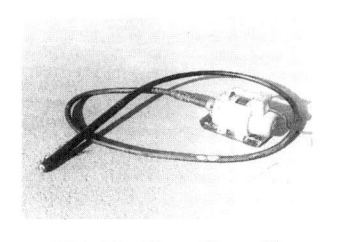

図2.35　振　動　機

〔6〕 **養　生**　コンクリート打込み後，コンクリートの強度が十分発揮されるためには，コンクリートの水和作用を十分行わせなければならない。そのためには，コンクリートを適当な温度で湿潤状態に置かなければならない。部材の表面から水分が失われた場合には，その部分は水和に必要な水分が不足することになり，空げきの多い劣化しやすい組織となる。このように，セメントの水和作用をよりよく行わせるためにとられる処置を養生（curing）という。

具体的には，低温，高温，乾燥，急激な温度変化等による有害な影響を受けないようにすることである。また同時にコンクリートは，硬化中に振動，衝撃および荷重が加わらないように保護しなければならない。

（a）　**湿潤養生**　一般の湿潤養生（moist curing）においては，つぎのことに注意する。

（1）　コンクリート打込み後，硬化を始めるまで，日光の直射，風，にわか雨等を防ぐ。

（2）　コンクリートの表面を荒さないで作業ができるまで硬化したコンクリートの露出面は，むしろ，布，砂等を濡らしたもので，これを覆うか，または散水を行い，**表 2.23** に示す間つねに湿潤状態に保つとともに，その後も急激な乾燥を防ぐ。

表 2.23　養生期間の標準

日平均気温	普通ポルトランドセメント	混合セメント B 種	早強ポルトランドセメント
15°C以上	5 日	7 日	3 日
10°C以上	7 日	9 日	4 日
5°C以上	9 日	12 日	5 日

（3）　せき板（〔7〕項参照）が乾燥するおそれがあるときは，これに散水する。

（b）　**温度制御養生**　温度制御養生とは，コンクリートが十分硬化するまで，硬化に必要な温度条件に保つ養生のことであり，気温が著しく低い場合には給熱，保温を行い，気温が著しく高い場合にはパイプクーリング等を行う。

（c）　**蒸気養生**　蒸気養生（steam curing）とは，コンクリートの硬化を

促進するために，常圧蒸気で行う養生のことであり，温度は35℃以上のものをいう。主として工場製品に用いられる。

（d）オートクレーブ養生　オートクレーブ養生（autoclave curing）とは，コンクリートの硬化を促進するために，高温高圧蒸気釜の中で行う養生のことであり，普通は温度180℃程度,圧力10気圧程度で行われる。短期に高強度が得られるうえ,水和反応のほかに水熱反応によって,けい酸塩も反応する。

〔7〕**型枠，支保工**　型枠（form）は，コンクリートを打ち込むための鋳型であり，コンクリート構造物の位置や寸法の精度は，この型枠の剛度や精度によって定まる。また，コンクリートを打ち込んだ際，ペースト等の漏れがある場合には，コンクリートの品質にも大きく影響を与える。

支保工（support）は，打ち込まれたコンクリートの重量を支える構造物であり，十分な強度と剛度が必要である（**図2.36**（a），（b））。

(a)　(b)

図2.36　支　保　工

型枠と支保工との区分については，上記の考え方のほかに，支保工も型枠の一部であるという考えもある。また，直接コンクリートに接する部分（**せき板**：sheathing という）とせき板の補強材とが一体となったパネルを型枠ということも多い。

そのほか，高所の作業をするための作業場を**足場**（scaffolding）といい（**図2.37**），作業の安全と能率向上のため，高さの高い構造物の施工には必ず設ける。

図2.38には，足場・支保工が一体となった現場打ち片持梁工法の例を示す。

図 2.37　足場の例　　　　　図 2.38　現場打ち片持梁工法

2.4　硬化コンクリートの性質
2.4.1　コンクリート中の空げき
〔1〕　**エントラップトエア**　　コンクリート中には，一般にエントラップトエアと呼ばれる比較的寸法の大きい空げきがある。その空げきは，不定形でその寸法は肉眼でやっと見える程度から 1 cm 程度，あるいはもっと大きい物まである。一般のコンクリートでは，この種の空げきの量は体積の 0.3〜2％程度といわれている。

そのほかエントラップトエアとは呼ばないが，同じような種類の空げきに，骨材の下側にブリーディング水がたまり，その水が蒸発して空げきになったものもある。

〔2〕　**エントレインドエア**　　AE コンクリートのペースト中には，AE 剤によってつくられた小さな空げきがある。その空げきは，形は球形に近く，直径は 0.025〜1 mm，平均 0.08〜0.10 mm 程度である。

一般のコンクリートにおいては，コンクリート体積の 5％程度，あるいはそれ以上含まれている。そして，このような大きさの空気が 5％程度含まれたコンクリートにおいては，セメントペースト 1 cm^3 の中に 30 万個以上の空気が入っていることになる。

この空げきのうち，大きなものは肉眼で見ることができる。

〔3〕　**毛管空げき**　　ペースト中には毛管空げき（capillary pore）と呼ば

れる空げきがある。この空げきは，もともとペースト中の水が占めていた部分であるが，硬化の途中で水が蒸発したり，水和セメントゲルによってその部分が満たされなかったため，硬化後水が蒸発したりした後に空げきとなったものである。したがって，この空げきは，W/C が大きいほど多く存在することになり，また，水和の進行が少ないほど多く存在することになる。

この空げき中には，凍結可能な水を含むことができるので，この空げきが多いコンクリートは，凍害を受けやすい。

この空げきは，1.3 μm 程度の寸法をもち，硬化の初期はたがいに連続したものであるが，水和が進むにつれてゲルによって切断される。したがって，W/C が 45 ％以下のコンクリートにおいては，7 日程度の湿潤養生で完全に切断されてしまう。この間げきは，肉眼では見えない。

〔4〕 **ゲル間げき**　セメントゲルもまたゲル間げき (gel pore) と呼ばれる体積が約 28 ％の間げきを含んでおり，その部分は一般の状態では水で満たされている。しかし，この間げきはごく小さいため，自然の環境下においては，中の水が凍結することはない。その寸法のオーダは，1.5～2.0 nm（10^{-9} m）程度であり，肉眼ではとうてい見ることはできない。

2.4.2　質　　　量

コンクリートは，土木材料として使われる場合，質量が大きいということは一般には欠点と考えられているが，逆に場合によっては重いからという理由で利用されることもある。いずれにしても，コンクリート構造物にとって，その質量はたいへん重要な性質の一つである。

普通のコンクリートの気乾状態での単位容積質量は，2.2～2.4 t/m^3 の範囲であり，設計においては，一般に無筋コンクリートで 2.35 t/m^3，鉄筋コンクリートで 2.5 t/m^3 が用いられる。

軽量骨材を用いた場合，骨材の全部が軽量骨材の場合で 1.4～1.7 t/m^3，細骨材に川砂を用いた場合で 1.7～2.0 t/m^3 である。

重量骨材を用いた場合には，その骨材の種類によって大きく異なり，最も重いものでは，5.0～6.0 t/m^3（骨材に鉄を用いたもの）にもなる。

2.4.3 圧縮強度

〔1〕 概説　コンクリートの強度の中では，圧縮強度が最も重要である。その理由は，第1に，コンクリートは圧縮に強く引張りに弱い（引張強度は，圧縮強度の1/10～1/13）ため，一般に圧縮部材として使用されるからであり，第2に，コンクリートのような圧縮に強く，引張りに弱い材料では，圧縮強度の測定が一番簡単であり，ばらつきも小さいからである。

このようなことから，一般にコンクリートの品質を表す場合には，圧縮強度による場合が多く，したがって，ほかの種類の強度も圧縮強度との関連づけが行われることが多い。

〔2〕 供試体の形状寸法　コンクリートの圧縮強度を測定するための標準供試体の形状および寸法は，以下のとおりである（JIS A 1132）。

"供試体は，直径の2倍の高さをもつ円柱形とする。供試体の直径は，粗骨材の最大寸法が50 mm以下の場合には，原則として15 cmとする。供試体の直径が15 cm未満のものを使用する場合は，その直径は粗骨材の最大寸法の3倍以上かつ10 cm以上とする。粗骨材の最大寸法が50 mmを超える場合には，供試体の直径は，粗骨材の最大寸法の3倍以上とする。"

なお，わが国以外では，円柱供試体のかわりに立方体を使う所もあるが，立方体供試体を用いた場合には，見掛けの強度は約25％大きく現れる（**図2.39**）。

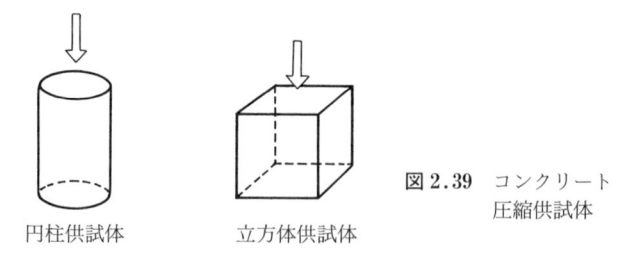

図2.39　コンクリート圧縮供試体

〔3〕 水セメント比と強度　前にも述べたように，コンクリートの強度は，骨材が十分強い場合，セメント（C）と水（W）との割合で決まる。そして，一般にはW/Cが40～80％の間では強度f_c'は次式のように表される

(図 2.40)。

$$f_c' = A + B\frac{C}{W}$$

ここに，A および B は，コンクリート材料その他の試験条件によって決まる定数であり，同じ使用材料を用いて試し練りによって定められる。

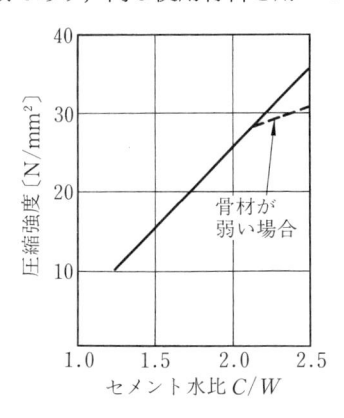

図 2.40 セメント水比とコンクリートの圧縮強度との関係の一例

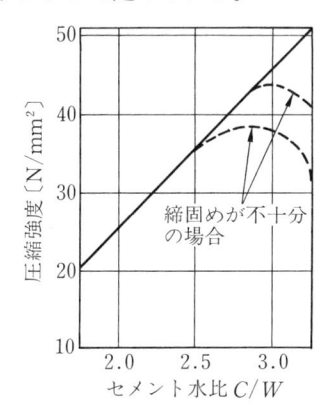

図 2.41 締固めが不十分なコンクリートの強度

骨材が弱い場合には，W/C が小さくなると強度は頭打ちになる。また，W/C が小さくなって，締固めが十分できなくなっても，強度は小さくなる（図 2.41）。

小規模で大きな強度を必要としない工事などで，試し練りをしない場合には，十分安全な値が得られるものとして次式を用いることがある。

$$f_{ck}' = -20.5 + 21.0\frac{C}{W}$$

〔4〕**設計基準強度**　設計基準強度（f_{ck}'）とは，コンクリート部材の設計において基準とする強度であり，一般に標準養生（20℃の水中養生）をしたコンクリート円柱供試体の材齢 28 日における圧縮強度を用いる。

設計基準強度と実際の構造物中のコンクリート強度との関係を模式的に示すと，図 2.42 に示すとおりである。実際の構造物では，標準養生のような理想的な養生は行われていないので，強度の出方が遅いが，その分荷重が作用する

ときの材齢は 28 日よりずっと長いので，強度の目安としては，ほぼ等しいと考えても安全である。したがって，特に載荷材齢が短い場合には，基準の材齢も短くする必要があるし，ダムコンクリートのように載荷材齢が長く，また，長期にわたって湿潤養生が行われる場合には，基準材齢は 91 日と長くするのである。

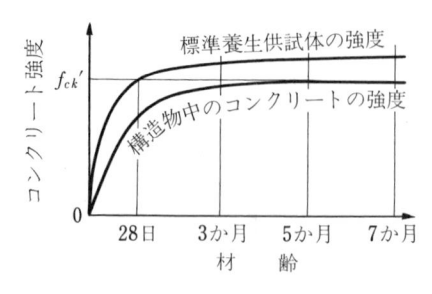

図 2.42 設計基準強度 (f_{ck}') と構造物中のコンクリート強度

〔5〕 **養生の影響**　コンクリートは，セメントの水和反応によって強度が発揮される。したがって，コンクリートの強度は，水和反応の進み具合によって決まってくる。

セメントの水和反応は，水分がなければ進行しないし，温度によってその進行速度が異なる。そのため，コンクリートの強度は，養生状態によって大きく異なる。

図 2.43 は，養生方法がコンクリートの強度へ与える影響の概念を示している。すなわち，気中養生をすると，湿潤養生と比べて強度の増進は小さくなるが供試体を乾燥させて，圧縮試験を行うと，強度が大きく出るので，材齢がある程度進んでから大気中に出した場合，一時的に湿潤養生をした場合より強度

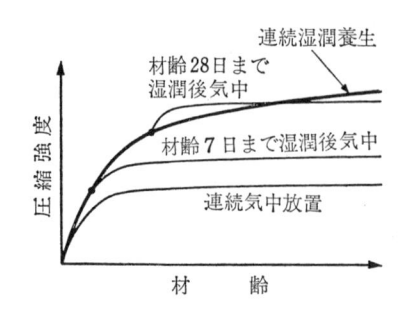

図 2.43 コンクリートの養生と強度との関係

2.4 硬化コンクリートの性質

が大きく現れる。

コンクリート強度に及ぼす養生温度の影響は，以下のとおりである。

（1） 温度が高いほど早く強度が出る。そして，ある温度の範囲内ではコンクリートの強度は，温度と材齢との積（**積算温度**：maturityと呼ぶ）の関数である。ただし，コンクリートは，ある程度硬化が進行した後には0℃以下－10℃程度までの温度でも強度増進があるので，一般に期間tまでの積算温度は，つぎの式で表す。

$$M = \sum_{0}^{t}(\theta + A)\varDelta t$$

ここに，M：積算温度（℃・日または℃・時），θ：$\varDelta t$期間中のコンクリート温度〔℃〕，A：定数で，一般に10℃が用いられる，$\varDelta t$：期間（日または時）

（2） 初期の養生温度が低いほうが，長期強度は大きくなる傾向にある。

図2.44に示すように，コンクリート打込み後2時間くらいの温度の影響は最終強度に大きく現れる。

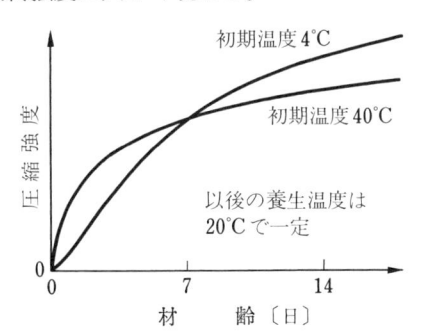

図2.44 初期温度（打込み後2時間くらい）とコンクリート強度

この原因としては，凝結期間の温度が高いと，水和反応が急速となり，水和生成物が不均一で弱く，多孔質となるからであると考えられている。

長期にわたって一定の温度で養生された場合の最終強度にも同じような関係があるが，この場合には，あまり温度が低いと最終強度は大きくはならず，最適な温度は，13℃前後であるといわれている。

〔6〕 **その他** その他，コンクリートの圧縮強度に関して，つぎのような

ことがいえる。

（1） コンクリートの圧縮強度は，モルタルの強度，粗骨材の強度のほか，モルタルと粗骨材との付着状態によっても異なり，付着力が大きいほど強度も大きくなる。したがって，同じ水セメント比であれば，砕石を用いると川砂利の場合より強度は大きくなる。

（2） コンクリート中の空気量が多いほど強度は下がる。ただし，エントレインドエアの場合には，同じワーカビリティーに対する単位水量は少なくできるので，そのための強度増加によって，この強度低下は相殺される。

（3） 骨材の最大寸法が大きいほど強度は小さくなる。これは，骨材の最大寸法が大きいほど，ブリーディングの影響が大きくなったり，コンクリートの均一性が失われることによる。

（4） まだ十分固まっていないコンクリートが凍結した場合，後で融解させて十分養生しても，強度は大幅に低下する（**初期凍害**：initial frost damage）。

凍結するときのコンクリートの水和の進行度や含水状態によって，初期凍結による強度低下の大きさは異なり，水和が進み強度が大きくなっているほど，また，含水量が小さいほど強度低下は小さい。一般には，含水量によって異なるが，コンクリート強度が $5.0 \sim 14.0 \, \text{N/mm}^2$ 程度になっていれば，初期凍結の害は小さいといわれている。

〔7〕 **試験方法の影響**　コンクリートの品質を調べるためには，調べようとするコンクリートと同じコンクリートで供試体を作製しておき，材齢がたった後試験を行い，その値から元のコンクリートの品質を推定する。

ところが，同じコンクリートであっても試験方法によって，測定値が変わってくることがある。したがって，元のコンクリートの品質を推定するには，試験方法が測定値に与える影響を知っておかなければならない。

コンクリートの圧縮強度の測定値に及ぼす試験方法の影響のおもなものは以下のとおりである。

（a） **供試体の高さと直径との比**　標準供試体の高さと直径との比は2.0

と定められているが，この比が小さくなると，試験値は大きくなる。
この状態を図 2.45 に示す。

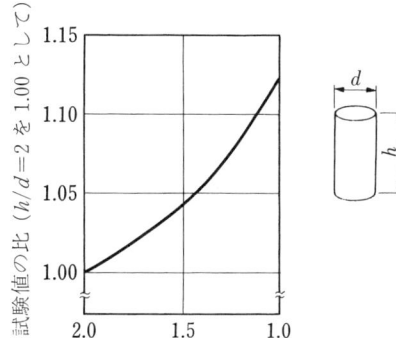

図 2.45　供試体の高さと直径との比が試験値に与える影響

（b）供試体の寸法　コンクリートは，種々の材料がいろいろな状態で組み合わせられたものであり，ミクロ的に見ると，場所によって強度が大きく異なっている。そして，コンクリートの強度は，大ざっぱにいえば，その中の弱い部分の強度で決まってくると考えられる。したがって，確率的にいえば，供試体の寸法が大きくなれば，より弱い部分を含む可能性が大きくなり，コンクリート強度の測定値も小さくなる。しかし，同様の理由から，測定値のばらつきは，供試体の寸法が大きくなるほど小さくなる。

（c）載荷速度　供試体への載荷速度が早くなれば，測定値は大きくなる。この原因は，コンクリートのクリープからきていると思われる。しかし，この載荷速度の影響は，実用範囲ではあまり大きいものではない。

わが国では，荷重を加える速度は，標準として毎秒 $0.6\pm0.4\,\mathrm{N/mm^2}$ とするよう規定されているが，この速度を 10 倍にしても，圧縮強度の増加量はたかだか 5％程度である。

（d）含水状態　供試体が，十分な乾燥状態にある場合には，湿潤状態に比べて，約 10％の強度増加を示す。これは，湿潤状態においては，セメントゲルが水を吸収して膨張するからであるといわれている。

この強度増加量は，乾燥の程度によって異なるので，これを一定にするため

一般には強度試験は，水から取り出した直後に行うことになっている。

2.4.4 その他の強度

〔1〕**引張強度**　コンクリートの引張強度（tensile strength）は，圧縮強度の約 1/10 であるが，圧縮強度が大きくなると，それにつれて，その比の値は小さくなる。

コンクリートの引張強度は，一般には**図 2.46** に示すように，直径 15 cm，長さ 20 cm 程度の円柱供試体を横にして，上下から圧縮載荷し，その割裂破壊強度から計算で求める。

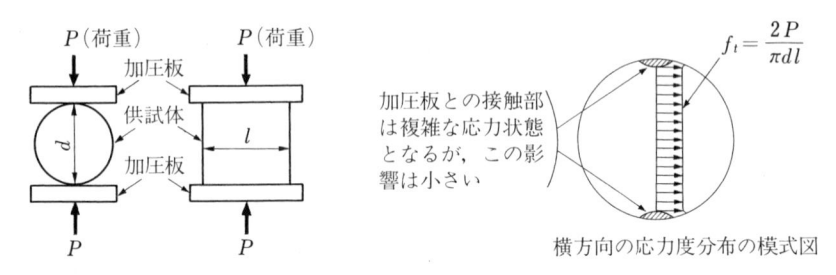

図 2.46　コンクリートの引張試験

これは，円形の供試体を上下から載荷した場合，載荷方向と直角の方向に発生する引張応力度が上下方向に一様になることと，コンクリートは圧縮強度に比べて引張強度がたいへん小さいため，圧縮載荷してもそれに直角方向の引張りで破壊することとを利用したものである。

〔2〕**曲げ強度**　コンクリートの曲げ強度（modulus of rupture）とは，**図 2.47** に示すように，コンクリートでつくった梁に曲げ載荷して，そのときの破壊荷重から，次式で求めた見掛けの引張応力度である。

$$f_b = \frac{Pl}{bd^2}$$

ここに，f_b：曲げ強度〔N/mm²〕，P：試験機の示す最大荷重〔N〕，l：スパン〔mm〕，b：破壊断面の幅〔mm〕，d：破壊断面の高さ〔mm〕

コンクリートが曲げを受けて破壊するときの応力度分布は，**図 2.48** に示すように，直線分布ではない。それを，曲げ強度は点線で示すような直線分布と

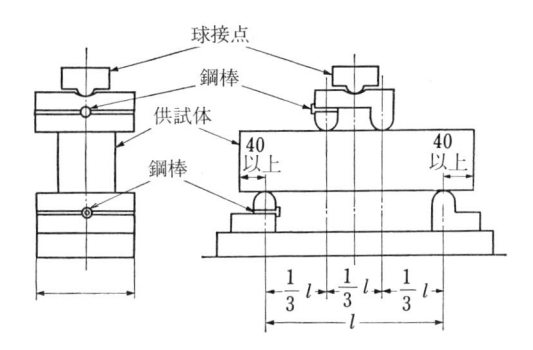

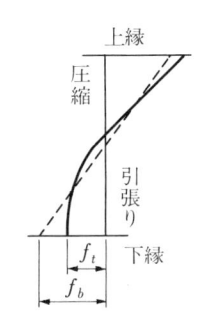

図 2.47 コンクリートの曲げ強度試験（単位：mm）　　図 2.48 曲げ強度 f_b

仮定して計算で引張応力度を求めるため，真の引張強度より大きく出る。

　一般に曲げ強度は，圧縮強度の約 1/5～1/7 となる。また，曲げ試験用として一般に使われる供試体の寸法は，15 cm×15 cm×53 cm または 10 cm×10 cm×40 cm である。

　〔3〕**せん断強度**　　コンクリートにせん断力が作用した場合，一般にはせん断力によって発生する引張主応力によって，コンクリートは斜め方向に引張破壊する。

　図 2.49 のように斜め引張破壊しないように拘束してせん断破壊をさせると，その強度は圧縮強度の 1/4～1/6 くらいになり，これを一般のせん断力による破壊と区別するため，**直接せん断強度**（direct shear strength）といっている。

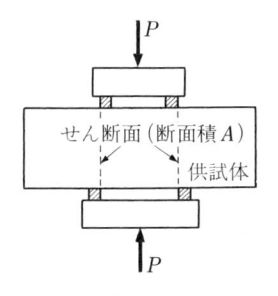

図 2.49 直接せん断試験　　　　　　　　図 2.50 支柱強度

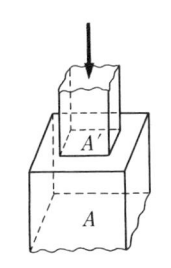

A'：支圧を受ける面積
A：コンクリート断面積

〔4〕 **支圧強度**　支圧強度（bearing strength）は，図2.50に示すようにコンクリートの断面の一部分に圧縮力が集中して作用したときの強度である。このような場合，コンクリートの断面積 A と，そのうちの支圧を受ける面積 A' との割合によって強度が異なり，A/A' が大きいほうが支圧強度は大きくなる。

〔5〕 **ゆ（癒）着強度**　コンクリートが破断したとき，その破断面に水を塗って元のように密着させておくと，再び強度を発揮するようになる。この強度を**ゆ着強度**という。これは，コンクリートが破断すると，その破断面にセメントの未水和部分が露出し，それが水和するためであり，一般に若材齢であるほど未水和セメント量が多いため，ゆ着強度は大きい。

〔6〕 **疲労強度**（fatigue strength）　荷重が繰り返し作用した場合の強度は，その繰返し数によって異なるが，一般に大きく低下する。荷重が1000万回繰り返されたときの圧縮疲労強度は，静的強度の60％程度になる。

2.4.5　弾性係数

〔1〕 **ヤング係数**　コンクリートの応力-ひずみ曲線は，図2.51に示すように，直線的なものではなく，応力が大きくなるに従って，ひずみの増加割合が大きくなる。そのため，応力とひずみとの比例定数であるヤング係数（Young's modulus）としては，使用目的に応じて，図2.52に示すように3種

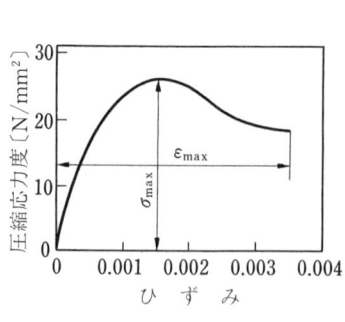

図2.51　コンクリートの応力-ひずみ曲線の一例

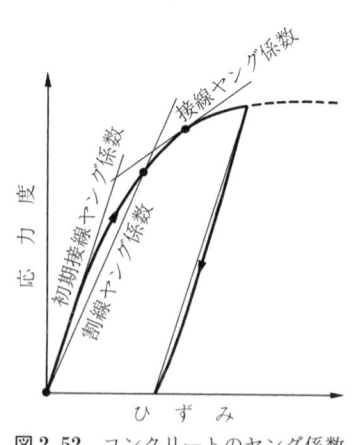

図2.52　コンクリートのヤング係数

2.4 硬化コンクリートの性質

類のものが用いられている。

このうち，一般には与えた応力に対するひずみの割合が必要となることが多いため，**割線ヤング係数**（secant Young's modulus）が用いられることが多い。割線ヤング係数は，着目した応力度によって値が異なるため，つねにヤング係数を求めたときの応力度と組にして考えなければならず，用いるときには使用目的に合ったヤング係数を選ばなければならない。

圧縮強度の50％程度までの荷重を繰り返しかけた後の割線ヤング係数は，ほぼ**初期接線ヤング係数**（initial tangent Young's modulus）に等しい。

ヤング係数は，コンクリートの強度が大きいものほど大きくなる傾向があり，また，粗骨材のヤング係数が大きいものほど大きくなる。

断面の破壊に対する応力度の計算や断面の決定に対しては，普通コンクリートのヤング係数 E_c は

$$E_c = 1.4 \times 10^4 \quad [\text{N/mm}^2]$$

$$\left(\text{鋼とのヤング係数比 } n = \frac{E_s}{E_c} = 15\right)$$

不静定力または，弾性変形の計算に対しては，普通コンクリートのヤング係数は，**表 2.24** の値が用いられる。

表 2.24 コンクリートのヤング係数(不静定力または弾性変形の計算に用いる値)

	f_{ck}' [N/mm²]	18	24	30	40	50	60	70	80
E_c [kN/mm²]	普通コンクリート	22	25	28	31	33	35	37	38
	軽量骨材コンクリート*	13	15	16	19	—	—	—	—

* 骨材の全部を軽量骨材とした場合。　　　　　　　〔土木学会：RC 示方書(2012)〕

[2] 動弾性係数　　コンクリート供試体を振動させ，その一次共鳴振動数を測定することによって求めた弾性係数（ヤング係数）を**動弾性係数**(dynamic Young's modulus) という。また，動弾性係数は，コンクリート中を伝わる波動の伝搬速度から求めることもできる。

図 2.53 に示すような角柱供試体（一般には 10 cm×10 cm×40 cm）にたわみ振動を与えた場合には，動弾性係数 E_D [N/mm²] は

$$E_D = Cmf^2 \tag{2.29}$$

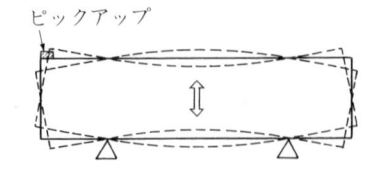

図 2.53 コンクリート角柱供試体の一次たわみ振動

によって計算できる。
ここに

$$C = 9.47 \times 10^{-4} \times \frac{L^3 T}{bt^3} \quad (角柱供試体の場合) \qquad (2.30)$$

m：供試体の質量〔kg〕，f：たわみ振動の一次共鳴振動数〔Hz〕
L：供試体の長さ〔mm〕，b，t：角柱供試体の断面の各辺の寸法〔mm〕，b は幅，t は振動方向の寸法
T：回転半径 K（角柱供試体に対しては 1/3.464）と，長さ L および動ポアソン比 ν_D によって決まる修正係数

（JIS A 1127 参照）

動弾性係数は，コンクリートの品質を非破壊で推定することができるため，コンクリートの劣化の進行を測定するときなどに広く用いられている。なお，劣化の進行を測定するときには，**相対動弾性係数**（relative dynamic modulus of elasticity：劣化する前の動弾性係数を 100 としたときの劣化後の動弾性係数の割合で，一般には近似的に，f の 2 乗の比を％で表したものとしてよい）で表す。

動弾性係数は，コンクリートに発生する応力度が小さく，クリープの影響もない状態で測定されるため，初期接線ヤング係数に近い値になる。

〔3〕 **ポアソン比** コンクリートのポアソン比（Poisson's ratio）は，0.15〜0.20 程度であり，RC 示方書においては，普通コンクリート，軽量コンクリートとも，一般に 1/6 を用いることにしている。

〔4〕 **せん断弾性係数** コンクリートのせん断弾性係数（modulus of rididity）は，次式による。

$$G_c = \frac{E_c}{2} \cdot \frac{m}{m+1} = \frac{E_c}{2(1+\nu)} \quad [\text{N/mm}^2] \tag{2.31}$$

ここに，E_c：コンクリートのヤング係数〔N/mm²〕

　　　　m：ポアソン数（ポアソン比 ν の逆数）

2.4.6 クリープ

　硬化したコンクリートに応力が作用すると，その大きさに応じたひずみが発生する。そして，その応力が作用したままの状態にして放置しておくと，応力が増えないにもかかわらず，時間が経過するとともにひずみが増加していく。このことを，**クリープ**（creep）という。

　コンクリートのクリープは図 2.54 に示すようになる。すなわち，t_0 で荷重がかかると，弾性ひずみが発生する。そして，そのまま時間 t まで載荷しておくと，その間クリープひずみは時間とともに増加する。時間 t で荷重を除くと，瞬間的に弾性ひずみ（材齢が進んでいるため，載荷のときの弾性ひずみより一般には小さい）が減少するが，時間とともにさらに若干ひずみは減少していく。

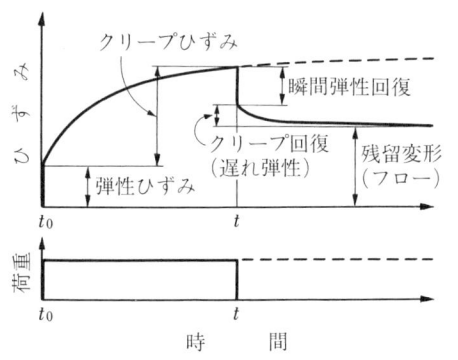

図 2.54 コンクリートのクリープ

　このうち，t_0 から t までの間をより詳しく示したのが図 2.55 である。真の弾性ひずみは，材齢が進んでコンクリートの弾性係数が大きくなるに従って小さくなるはずであるが，計算上はこれを変わらないものと考えている。また，乾燥を同時に受けたときのクリープひずみは，乾燥を伴わないときのクリープ

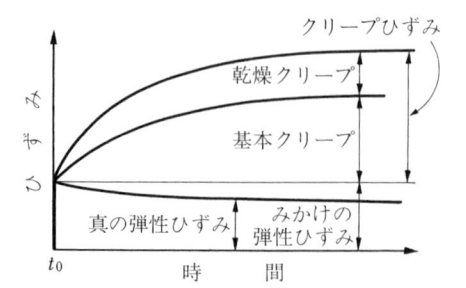

図 2.55 コンクリートのクリープ

ひずみ（基本クリープ）より大きな値となるので，一般にはクリープひずみには乾燥による増加分（ここでは，乾燥クリープという）を含めて考えている。

クリープひずみの大きさは，荷重がコンクリート強度の 0.3〜0.75 程度以下であれば，作用している応力度にほぼ比例する（**Davis-Granville の法則**）。したがって，構造物が一般に使用される範囲内では，持続荷重を受けるコンクリートのクリープひずみは，弾性ひずみに比例して，次式で表されると仮定する。

$$\varepsilon_{cc} = \frac{\sigma_c}{E_c}\varphi \tag{2.32}$$

ここに，ε_{cc}：クリープひずみ，σ_c：持続されている応力度〔N/mm²〕，E_c：コンクリートのヤング係数〔N/mm²〕，φ：クリープ係数

また，クリープの進行割合は，20 年間で発生するクリープ量を例にあげると，最初の 2 週間で 18〜35 ％程度，3 か月で 40〜70 ％程度，1 年で 64〜83 ％程度起こるというように，時間の経過とともにだんだん小さくなる。

また，材齢 t_1 から載荷された場合のクリープの進行曲線は，t_0 から載荷された場合のクリープの進行曲線（**図 2.56**）を，そのまま下へ平行移動したものと，ほぼ同じであると考えられている（**Whitney の法則**）。したがって，ある時点 t_x までのクリープ係数は，載荷されたときのコンクリートの材齢によって異なることがわかる。

RC 示方書によると，普通の大気中にあり，また載荷が特に早期ではない一般の場合のコンクリートのクリープ係数は，屋内の場合で 3.0，屋外の場合で

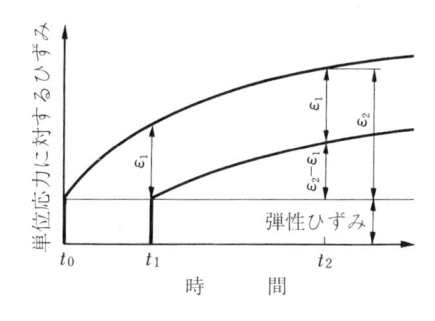

図 2.56 Whitney の法則

2.0（軽量コンクリートの場合 1.5），水中構造物では 1.0 以下としている。

静的破壊強度の 0.8～0.9 の荷重であっても，荷重が長時間載荷されるとコンクリートが破壊することがある。これを**クリープ破壊**（creep failure）という。

コンクリートにクリープがあることは，コンクリートの短所として考えられているが，場合によっては長所にもなっている。例えば，クリープがあるために，コンクリートに発生する乾燥収縮による応力や温度応力等の**拘束応力**が，時間とともに小さくなり，この現象を利用することによって，ひび割れの発生を防ぐことができるからである。また，局所的な応力集中も時間とともに小さくなる。

2.4.7 乾燥収縮

コンクリートは，硬化した後あるいは硬化進行中，水分が蒸発すると一般に収縮する。これを，コンクリートの**乾燥収縮**（drying shrinkage）といい，コンクリートの性質としてたいへん重要なものである。

特に，コンクリートは引張りに弱いため，乾燥収縮で発生した**内部拘束応力**あるいは**外部拘束応力**によってコンクリートにひび割れが発生することがあり，コンクリートを施工する場合には，つねにこの点に注意しておかなければならない。乾燥収縮を起こしたコンクリートは，再び水を供給して湿潤状態にしても，収縮の一部は元に戻らない。

収縮の進行割合は，20 年間で発生する収縮量を例にあげると，最初の 2 週間で 14～34％程度，3 か月で 40～80％程度，1 年で 66～85％程度起こると

いうように，時間の経過とともにだんだん小さくなる。

　一般のコンクリートの乾燥収縮量は，$400 \sim 1\,200 \times 10^{-6}$ 程度，RC 示方書による不静定構造物の設計時に用いられる乾燥収縮量は，種々の拘束の影響があるので，$150 \sim 200 \times 10^{-6}$ 程度である。

　乾燥収縮に似た収縮現象に，**自己収縮**（autogenous shrinkage）がある。自己収縮は，養生水が届かないようなコンクリート内部で水和反応の進行に伴って発生する収縮であり，温度が高いほど，単位セメント量が多いほど，またセメント粒子が細かいほど増大する傾向にある。自己収縮量は一般のコンクリートでは比較的小さいため乾燥収縮に含めて考えているが，その大きさは混和する粉体の種類によっても大きく異なる。したがって，高炉スラグ微粉末を多量に混和した場合等のように，混和する粉体の種類によっては，あるいは単位粉体量が多いコンクリートにおいては無視できないほど大きくなる。

2.4.8　耐　久　性

　コンクリートは，材齢とともに性質が変化する。この変化の様子を模式的に示したのが図 2.57 である。すなわち，初めは水和反応が進むに従って耐荷力等の性能が上がるが，ある材齢を過ぎると逆に徐々に低下するようになる。この低下することを**劣化**（deterioration）といい，劣化が進むと要求性能レベル（設計時のレベルより低く仮定されることが多い）を満たさなくなる。そして，この要求性能レベルを満たさなくなるまでの期間の長短で耐久性（durability）を判断する。したがって，劣化が早いもの（破線で示す）は，耐久性

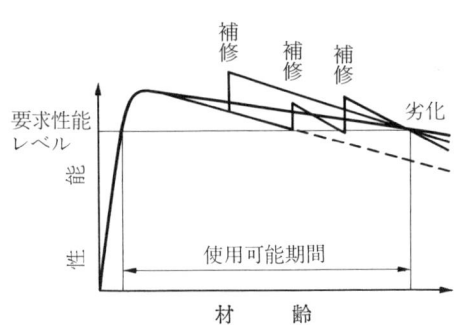

図 2.57　コンクリートの性能の変化

2.4 硬化コンクリートの性質

が十分ではないことになり，補修等が必要になる。

劣化の原因のおもなものを図 2.58 に示す。

劣化作用
- 物理的作用
  - 侵　　食：すりへり，キャビテーション等
  - ひび割れ：荷重，温度や乾燥による体積変化
  - 凍　　害：初期凍害，凍結融解
  - 高　　温：火災その他による温度応力
  - 極低温：急激な温度低下，温度変化の繰返し
- 化学的作用
  - コンクリートの劣化：流・浸出(溶解)，酸，アルカリ，海水(硫酸塩)アルカリ骨材反応，高温分解
  - 鋼材の腐食：コンクリートの炭酸化によるもの，塩化物によるもの，応力腐食，迷走電食
- 生物作用：バクテリア(硫酸)，菌類(酸)，穿孔動物

図 2.58　コンクリート構造物の劣化作用

〔1〕**凍　害**　まだ固まらないコンクリートにおいて発生する初期凍害については"養生"の所で扱っているので，ここでは硬化コンクリートに発生する凍結融解作用による凍害（frost damage）について述べる（図 2.59, 2.60）。

図 2.59　コンクリート橋の凍害例　　　図 2.60　港湾構造物の凍害例

凍害の発生機構は，まだ十分解明されていないが，主として以下の三つの考え方がある。

（1）コンクリート中のペーストおよび骨材に含まれている水分が凍結すると，体積が増大し，それによって発生した圧力は，近くに空げきがあって緩和されない限り，まわりのペーストを破壊し，コンクリートにすき間（細かいひび割れ）をつくる。その後，水が供給されてそのすき間が水で満たされた後，再び凍結すると，膨張によってそのすき間がさらに広がる。そして，このよう

なことが繰り返されることによって劣化は進行する。

（2）コンクリートの間げき中の水はアルカリ溶液であるため，コンクリートの温度が下がると，大きな間げきの水の一部が氷になる。すると，同じ間げき中の未凍結部分ではアルカリ濃度が高くなり，浸透圧の関係で周辺の凍結していない水を引きよせる（その結果，一部の間げきの脱水により，コンクリートは凍結初期には収縮する）。そのため，氷の体積はますます増大し，その膨張圧によってコンクリートが破壊される。ただし，多くの気泡がある場合には，水の移動が妨げられ，このようなことは起こらない。

（3）コンクリート中にある過冷却の液体と氷との蒸気圧の違いによって，大きな間げき，あるいはコンクリート表面などのような凍結可能な所への水分の移動が起こる。その結果，ペースト中に部分的な脱水が起こり（この結果，コンクリートは凍結の初期には収縮する），また，裂け目やひび割れ中への氷の蓄積が起こる。

ところが，水分の量が多すぎたり，冷却速度が早かったり，移動距離が長すぎる場合には，上記の移動は起こりにくくなり，水は凍結によって半非結晶固体（氷の結晶ではない）となるため，（1）と同様に，膨張によって大きな内圧を発生させる。

以上のように，考え方は違っていても凍害に影響を及ぼす因子は同じになる。すなわち，凍害を防ぐためには

（1）セメントペーストの強度を大きくし，透水性を小さくするために，小さい W/C とすると同時に養生等にも注意する。

（2）AEコンクリートとする。たとえ W/C が小さい（超高強度コンクリート）場合であってもAEコンクリートとする必要がある。ただし，使用するAE剤の種類によって，気泡の性質や凍害を防ぐ効果も異なるので注意を要する。

（3）耐久的な良質の骨材を使用する。人工軽量骨材は，耐凍害性に劣るので，特別の配慮が必要である。

（4）水の供給を防ぐ。

2.4 硬化コンクリートの性質

などが有効である。

この外，海水や凍結防止剤（融雪剤）の影響を受ける場合にはさらにスケーリング（表面劣化）が特に激しくなるので注意を要する。

なお，凍結融解作用に対するコンクリートの耐久性（耐凍害性）を表す指標としては，**耐久性指数** DF（durability factor）が用いられる。

耐久性指数 DF は以下のように求める。

$$\mathrm{DF} = \frac{PN}{M} \tag{2.33}$$

ここに，P：凍結融解サイクルを N 回加えた後の相対動弾性係数〔％〕

N：P が定められた最小値（一般には 60 ％）に達したときのサイクル数または試験終了を予定しているサイクル数 M（一般には 300 サイクル）のうちの小さいほうの値。

M：試験終了を予定しているサイクル数

したがって，300 サイクルになるまで P が 60 ％以下にならない場合には，DF＝P となり，300 サイクルに達する前に P が 60 ％以下になった場合には，DF＝$P \times N/300$ となる。

〔2〕 **化学的作用**　コンクリートの化学的作用による劣化のおもなものは，以下のとおりである。

（a）**硫酸塩の作用**　コンクリートは，硫酸塩と反応すると膨張して破壊する。

例えば，硫酸ナトリウムとの反応は，以下のようになる。

○コンクリート中の水酸化カルシウムとの反応

　$Ca(OH)_2 + Na_2SO_4 \cdot 10\ H_2O \rightarrow \underline{CaSO_4 \cdot 2\ H_2O} + 2\ NaOH + 8\ H_2O$
　　　　　　　　　　　　　　　　　　（石こう）

○コンクリート中の C_3A との反応

　$2(3\ CaO \cdot Al_2O_3 \cdot 12\ H_2O) + 3(Na_2SO_4 \cdot 10\ H_2O)$

　$\rightarrow \underline{3\ CaO \cdot Al_2O_3 \cdot 3\ CaSO_4 \cdot 32\ H_2O} + 2\ Al(OH)_3 + 6\ NaOH + 16\ H_2O$
　　　　（エトリンガイト）

石こうおよびエトリンガイトは，元の化合物よりもかなり大きな体積となるので，コンクリートは破壊する。

硫酸マグネシウムの反応は，上記の二つの反応に加えて，けい酸カルシウムとも反応し，さらに厳しいものとなる。

（b）**酸の作用** 酸は，硬化セメントの成分を分解するため，コンクリートの耐酸性は小さい。そして，酸の中でも有機酸（酢酸，炭酸等）より，無機酸（硫酸，塩酸等）によって，より激しく侵される。

（c）**海水の作用** 海水には，硫酸マグネシウム等の硫酸塩が含まれているため，(a)で述べたような作用によって劣化を起こす。

〔3〕**アルカリ骨材反応**（alkali-aggregate reaction） コンクリート中で，骨材がある種の反応によって膨張し，コンクリートが破壊されることがある。この反応のおもなものは，アルカリシリカ反応（alkali-silica reaction），セメント骨材反応（cement-aggregate reaction）および膨張性アルカリ炭酸塩反応（expansive alkali-carbonate reaction）である。

このうち，わが国で問題となっているのは主としてアルカリシリカ反応である（図 2.61）。これはセメントやその他の材料によって供給されたアルカリ（ここでいうアルカリとは，Na_2O および K_2O のこと）と，骨材中のある種のシリカ成分とが反応して，各種のアルカリシリカ複合物ができるが，このうち水を吸収して膨張する物ができた場合，これがコンクリートを破壊するものである。また，アルカリ骨材反応とも呼ばれている。

アルカリシリカ反応の特徴は

(a) (b)

図 2.61 アルカリシリカ反応の例

（1） 膨張によってコンクリート表面に，網状ひび割れや格子状ひび割れが発生する

（2） ひび割れ部から，ゲル状の分泌物（乾燥すると白色となる）が表面に出てきて付着する

（3） コンクリート中の反応した骨材には，セメントペーストとの界面に反応物の輪ができる

（4） 場合によっては，ポップアウト（pop out）を起こす

であるが，これらの現象が一つだけ現れただけでは，アルカリシリカ反応と決めることはできない。（1）から（4）までの現象を総合したのが，アルカリシリカ反応である。

アルカリシリカ反応を防ぐ対策としては，主として以下の方法がとられている。

（1） 反応性骨材の使用を避ける。

（2） セメントの一部をかなりの割合で高炉スラグ微粉末，フライアッシュなどで置き換える。一般の環境の場合には，その混合率は，高炉スラグ微粉末で40％以上，フライアッシュで15％以上とする。

（3） コンクリート中の総アルカリ量を $3.0\,\mathrm{kg/m^3}$ 以下に抑える。同時に外部から供給されるアルカリ分も防ぐ。

なお，海水や凍結防止剤（融雪剤）の影響を受ける場合には，一般の環境下で安定なコンクリートであってもアルカリシリカ反応が発生する場合があるので，その影響を取り入れた試験（例えばSSW（salt solution wrapping）試験）によって使用骨材や配合の安全を確認する必要がある。ここで，SSW試験とは，アルカリシリカ反応性判定試験方法であるモルタルバー法あるいはコンクリート法において，供試体を包む吸取紙に含ませる真水を20％NaCl水溶液に代える点のみが異なる試験方法である。

〔4〕 **鋼材の腐食**　コンクリートは，一般に，中に存在する水酸化カルシウムおよび若干の水酸化ナトリウムや水酸化カリウム等の水溶性アルカリ物質によって，pHが13.2程度になっているといわれている。そして，このような強いアルカリ性環境下においては，埋め込まれた鋼材は腐食しない。ところ

が，鋼材のまわりのコンクリートが**炭酸化**（carbonation；$Ca(OH)_2 + CO_2 \rightarrow CaCO_3 + H_2O$）によって**中性化**し，pHが9以下に下がると，中の鋼材は腐食しやすくなる。

コンクリートが，中性化しなくてもコンクリート中に塩化物が含まれていると，やはりコンクリート中の鋼材は腐食しやすくなる。したがって，コンクリート練混ぜ時におけるコンクリート中の塩化物の含有量はRC示方書で以下のように制限されている。

（1）練混ぜ時にコンクリート中に含まれる塩化物イオンの総量は，原則として 0.30 kg/m³ 以下とする。一般の条件下で供用される鉄筋コンクリートおよび用心鉄筋を有する無筋コンクリートの場合で，塩化物イオン量の少ない材料の入手が著しく困難な場合には，0.60 kg/m³ を上限として増加させてもよいが，この場合には，水セメント比あるいは単位水量をできるだけ小さくするとともに，コンクリートの打込みや締固めを入念に行う等、注意深い施工が必要である。

（2）練混ぜ時にPCグラウト中に含まれる塩化物イオンの総量は，セメント質量の 0.08 %以下とする。

鋼材の腐食は，以上のような，コンクリート練混ぜ時から含有されていた塩化物のほか，コンクリートの硬化後に外部から侵入した塩化物によっても発生する〔図2.62(a)(b)〕。したがって，海水や凍結防止剤（融雪剤）の影響を受けるようなコンクリート構造物に対しては鋼材の腐食に対する配慮が必要で

（a）床版下面の鉄筋の腐食　　　（b）海中橋脚中の鉄筋の腐食

図2.62　鉄筋の腐食の例

ある。

2.5 レディーミクストコンクリート

　最近では，わが国のセメントの使用量のうち，7割程度はレディーミクストコンクリート（ready mixed concrete：生コンとも呼ばれる）に使われている。レディーミクストコンクリートは，工事現場でコンクリートを製造するかわりに，コンクリートをつくる専門の工場で製造し，トラックアジテータ等で現場へ輸送して使用するものである。レディーミクストコンクリートは，工場製品であるため，その製品や品質については，JIS A 5308 に詳細に規定されている。

　特に，小規模の工事で，レディーミクストコンクリートを使用する場合の長所は，以下のとおりである。

　（1）それぞれの現場で，コンクリート材料の手配をする必要がなく，合理的である。

　（2）コンクリート製造設備を各工事現場で設置する必要がなく，工事現場にコンクリート製造用スペースを確保しなくてよい。

　（3）優れた設備で大量生産をするため，品質もよく経済的である。

反対に短所は以下のとおりである。

　（1）同じ工場で同時期に，種々の品質のコンクリートがつくられるため，間違って配達される等のミスが生じるおそれがある。

　（2）コンクリートの製造と施工とを一貫して考えることができなくなり，製造者と施工者とがたがいに無責任になりやすい。

　（3）長距離運搬をすることが多くなり，交通事情によってコンクリートの品質や打込みに影響を受ける。

　JIS で規定するレディーミクストコンクリートには，工場で製造してから，現場で荷卸しするまでのことが規定されている。そして，製品としては，荷卸し地点での品質を保証することになっている。

2.5.1 レディーミクストコンクリートの種類

一般に使用されるレディーミクストコンクリートは，JIS A 5308 に基づいてつくられた物（JIS 生コンとも呼ばれる）であり，これ以外の物は，規格外である。なお，規格外であっても，JIS の規格に準じて製造されたものを**別注品**と呼ぶこともある。

レディーミクストコンクリートの種類は，普通コンクリート，軽量コンクリート，舗装コンクリート，および高強度コンクリートに区分され，粗骨材の最大寸法，スランプまたはスランプフロー，および呼び強度を組み合わせた**表2.25**に示す○印のものに限られている。したがって購入者は，これら○印の組合せの中から必要なものを選ぶことになる。

表2.25 レディーミクストコンクリートの種類

コンクリートの種類	粗骨材の最大寸法〔mm〕	スランプまたはスランプフロー[1]〔cm〕	呼び強度													
			18	21	24	27	30	33	36	40	42	45	50	55	60	曲げ4.5
普通コンクリート	20, 25	8,10,12,15,18	○	○	○	○	○	○	○	○	○	○				
		21		○	○	○	○	○	○	○		○				
	40	5,8,10,12,15	○	○	○	○	○	○	○							
軽量コンクリート	15	8,10,12,15,18,21	○	○	○	○	○	○	○	○						
舗装コンクリート	20, 25, 40	2.5, 6.5														○
高強度コンクリート	20, 25	10,15,18											○			
		50, 60											○	○	○	

1) 荷卸し地点の値であり，50 cm および 60 cm がスランプフローの値である。

呼び強度とスランプとの組合せ以外のもの，すなわち，

（1）セメントの種類　（2）骨材の種類　（3）粗骨材の最大寸法

（4）骨材のアルカリシリカ反応性による区分（**区分A**：アルカリシリカ反応性試験の結果が無害と判定されたもの。**区分B**：アルカリシリカ反応試験の結果が無害でないと判定されたもの，またはこの試験を行っていないもの）。区分Bの骨材を使用する場合は，アルカリ骨材反応の抑制方法。

（5）呼び強度が36を超える場合は，水の区分

（6） 混和材料の種類および使用量

（7） 標準とする塩化物含有量の上限値（荷卸し地点で塩化物イオン（Cl⁻）量として 0.30 kg/m³ 以下, 購入者の承認を受けた場合には, 0.60 kg/m³ 以下）と異なる場合は, その上限値。

表 2.26 空 気 量　　（単位：%）

コンクリートの種類	空気量	空気量の許容差
普通コンクリート	4.5	±1.5
軽量コンクリート	5.0	
舗装コンクリート	4.5	
高強度コンクリート	4.5	

（8） 呼び強度を保証する材齢

（9） 表 2.26 に定める空気量と異なる場合は, その値。

（10） 軽量コンクリートの場合は, コンクリートの単位容積質量

（11） コンクリートの最高または最低の温度

（12） 水セメント比の目標値の上限

（13） 単位水量の目標値の上限

（14） 単位セメント量の目標値の下限または上限

（15） 流動化コンクリートの場合は流動化する前のレディーミクストコンクリートからのスランプの増大量（購入者が（4）でアルカリ総量による方法を指定する場合, 購入者は, 流動化剤によって混入されるアルカリ量〔kg/m³〕を生産者に通知する）。

（16） その他必要な事項

については, 購入者が生産者と協議のうえ指定することができる。

このように, 一般の JIS 製品はすべて AE コンクリートであり, その空気量は, 表 2.26 に示している。ただし, 土木用コンクリートでは, 空気量は 2.3.2〔2〕（c）の値とするのがよい。

ここでいう**呼び強度**とは, 28 日間（特に指定した場合は, 購入者の指定した日数）20°C の水中養生をした標準供試体を用い, JIS A 1108（コンクリートの圧縮強度試験方法）に従って強度試験を行った結果が, つぎの項目を満足しているという関係にある一種の保証強度である。

（1） 1 回の試験結果が, 呼び強度の強度値の 85 ％以上になる。

（2） 3回の試験結果の平均値が，呼び強度の強度値以上になる。

なお，一般の場合には，呼び強度を設計基準強度に相当する値としてレディーミクストコンクリートを用いても実用上問題はない。ここで強度値とは，呼び強度の値に（.0）をつけた値である（例えば，18 → 18.0，30 → 30.0）。

2.5.2　レディーミクストコンクリートの呼び方

（1）　レディーミクストコンクリートの呼び方に用いる記号はつぎの**表2.27～表2.29**による。

表2.27　コンクリートの種類による記号及び用いる骨材（JIS A 5308 (2014)）

コンクリートの種類	記号	粗骨材	細骨材
普通コンクリート	普通	砕石，各種スラグ粗骨材，再生粗骨材H，砂利	砕砂，各種スラグ細骨材，再生細骨材H，砂
軽量コンクリート	軽量1種	人工軽量粗骨材	砕砂，高炉スラグ細骨材，砂
	軽量2種		人工軽量細骨材，人工軽量細骨材に一部砕砂，高炉スラグ細骨材，砂を混入したもの
舗装コンクリート	舗装	砕石，各種スラグ粗骨材，再生粗骨材H，砂利	砕砂，各種スラグ細骨材，再生細骨材H，砂
高強度コンクリート	高強度	砕石，砂利	砕砂，各種スラグ細骨材，砂

表2.28　粗骨材の最大寸法による記号

粗骨材の最大寸法	記号
15 mm	15
20 mm	20
25 mm	25
40 mm	40

表2.29　セメントの種類による記号（　）内は低アルカリ形セメントの場合

セメントの種類	記号
普通ポルトランドセメント	N(NL)
早強ポルトランドセメント	H(HL)
超早強ポルトランドセメント	UH(UHL)
中庸熱ポルトランドセメント	M(ML)
低熱ポルトランドセメント	L(LL)
耐硫酸塩ポルトランドセメント	SR(SRL)
高炉セメントA種	BA
〃　　B種	BB
〃　　C種	BC
シリカセメントA種	SA
〃　　B種	SB
〃　　C種	SC
フライアッシュセメントA種	FA
〃　　B種	FB
〃　　C種	FC
エコセメント	E

（2） レディーミクストコンクリートの呼び方は，つぎの例による。

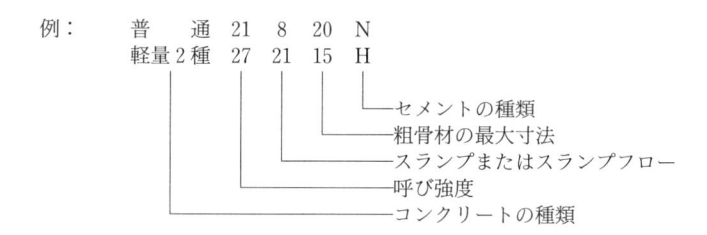

例： 普　通　21　8　20　N
　　　軽量2種　27　21　15　H
　　　　　　│　│　│　└── セメントの種類
　　　　　　│　│　└───── 粗骨材の最大寸法
　　　　　　│　└──────── スランプまたはスランプフロー
　　　　　　└─────────── 呼び強度
　　　　　└───────────── コンクリートの種類

2.6 特殊な配慮を要するコンクリート

2.6.1 マスコンクリート

ダムなどのように，コンクリート体が厚く，体積が大きくなる場合，これを**マスコンクリート**（massive concrete）といい，一般にセメントの水和熱による温度の上昇の影響を考慮しながら施工しなければならない。

マスコンクリートにおいて，温度上昇が大きい場合，コンクリート内部と表面部との温度差が大きくなり，**内部拘束応力**によりひび割れが発生する。また，旧コンクリートに打ち継いだ場合には，新コンクリートと旧コンクリートとの間に大きな温度差が発生し，冷却過程で**外部拘束応力**によりひび割れが発生する。

マスコンクリートのひび割れを防ぐ方法としては，つぎのようなことが考えられる。

（1） 単位セメント量をできるだけ少なくして，温度上昇を防ぐ。また，中庸熱ポルトランドセメント，低熱ポルトランドセメント，混合セメント等を用いることによって温度上昇を少なくする。

（2） 継目の位置および構造を定めるに当たっては，ひび割れの発生を考慮する。すなわち，伸縮継目を設けることによって，ひび割れの発生を防いだり，継目構造をひび割れが入ってもよいようなものに定め，ひび割れを継目に集中させる。

（3） 打込み時のコンクリート温度を25℃以下にする。やむをえず25℃以上になる場合には，パイプクーリングなどの方法によって，温度上昇を少なく

する。

（4） コンクリート打込み後，表面の急激な温度変化を防ぎ，乾燥が起こらないように，これを十分に保護する。

2.6.2 寒中コンクリート

日平均気温が4℃以下になるような気象条件においては，コンクリートの硬化時間が長くなり，また，凍結のおそれもあるので，コンクリートの施工については適切な処置をとらなければならない。このようなコンクリートを，**寒中コンクリート**（cold weather concreting）という。

寒中コンクリートの施工で，目標とすべきことは

（1） 凝結硬化の初期に凍結させないこと。

（2） 養生終了後，春までに受ける凍結融解作用に対して，十分な抵抗性をもたせること。

（3） 工事中の各段階で予想される荷重に対して，十分な強度をもたせること。

（4） でき上がった構造物として，最終的に必要とする強度，水密性をもたせること。

などである。気温が0℃近くまでは低下するが，0℃以下にならないような場合には，このうちの（1），（2）の凍結に関する事項は考慮する必要がなく，（3），（4）を考えるだけでよい。

寒中コンクリートの対策としては，つぎのことが考えられる。

（1） セメントとしては，低温養生に不利な混合セメントの使用は避け，ポルトランドセメントを用いる。より厳しい場合には，硬化が早くて水和熱の高い早強ポルトランドセメント，あるいは，超早強ポルトランドセメントを用いる。

（2） 材料を正しい方法で加熱し，コンクリートの温度は，打込みのとき5～20℃とする。ただし，セメントは，直接熱してはならない。

（3） 促進剤を用いる。ただし，塩化カルシウムの含まれたものは鉄筋コンクリートには使用しない。

(4) AEコンクリートとすると同時に,単位水量はできるだけ少なくする。

(5) コンクリートの練混ぜ運搬および打込みは,熱量の損失をなるべく少なくするように行う。

(6) コンクリートの打込みのとき,鉄筋,型枠等に氷雪が付着していてはならない。地盤が凍結している場合,あるいは,打継目の旧コンクリートが凍結している場合には,これを溶かした後に打ち込む。

(7) 打込み後,凍結しないように十分に保護する。養生中は,コンクリートの温度を5℃以上に保ち,さらにその後の2日間は0℃以上に保つことを標準とする。また,保温養生または給熱養生が終わった後,コンクリートの温度を急激に低下させてはならない。

2.6.3 暑中コンクリート

暑中にコンクリートを施工すると,つぎのような問題が発生しやすい。

(1) コンクリートの打込み時の温度が高くなって,所要水量が増加する。

(2) 輸送中にスランプが低下する。

(3) 凝結が早くなる。

(4) 水和熱による温度上昇が増加する。

(5) 材齢28日およびそれ以後における強度が減少する。

したがって,そのような場合には,コンクリートの温度が打込み時および打込み直後に,できるだけ低くなるように,特別の配慮をしなければならない。また,気温が高く湿度が低いときには,コンクリート表面からの水分の蒸発および乾燥によってひび割れが生じたり,耐久性が低下したりすることがあるので,養生にも十分注意しなければならない。

このように,気温が高いときに,特別な配慮をするコンクリートを,**暑中コンクリート** (hot weather concreting) という。

一般に,コンクリート打込み時における温度が30℃を超えると,その影響が顕著となるので,日平均気温が25℃を超える時期には,暑中コンクリートとしての施工を行うものとする。

暑中コンクリートの対策としては，つぎのことが考えられる。

（1） 長時間炎熱にさらされた骨材は，そのまま用いてはならないので，日光の直射を避けるか，散水したりしておく。特に，体積が大きな構造物に用いるコンクリートの場合，粗骨材は，これを用いる前になるべく冷たい水をかけて冷やす。

（2） 水は，できるだけ低温度のものを用いる。破砕した氷を利用することもある。

（3） コンクリートは，打込みのとき35℃以下にする。

（4） 練り混ぜたコンクリートは，1.5時間以内になるべく早く打ち込む。

（5） スランプが低下して打込みが困難な場合には，セメントペーストの量を増やす。ただし，水のみを追加してはならない。

（6） 打込み後は，露出面が乾燥しないように注意し，少なくとも表2.23に示す期間，つねに湿潤に保たれるようにする。

2.6.4 高流動コンクリート

高流動コンクリート（high fluidity concrete）は，「フレッシュ時の材料分離抵抗を損なうことなく，流動性を著しく高めたコンクリート」と定義されており，この中には，締固めを行わずにコンクリートを打設できる，いわゆる**自己充てん性**のあるコンクリート（self compacting concrete）が含まれる。

高流動コンクリートは，一般のコンクリートと比べて流動性が高いため，フレッシュコンクリートの性質の測定には，**スランプフロー試験**（スランプコーンを引き上げたときにコンクリートが広がった大きさの直径で測定）や漏斗流下試験（規定の漏斗をコンクリートが流下するときの時間で測定）が用いられる。さらに自己充てん性を確認するためには，充てん装置を用いた間げき通過性試験（土木学会規準）が用いられる。

自己充てん性を得るためには，流動性のほか，適度の粘性が必要である。したがって，自己充てん性を期待するコンクリートにおいては，経時変化を含めた流動性と粘性の管理が必要になる。

従来のコンクリートと比較したときの高流動コンクリートの特徴は

（1）配合的には単位粗骨材量が少なく，高性能 AE 減水剤，あるいは高性能減水剤の使用量が多い。

（2）ブリーディングおよびレイタンスの発生が少ない。

（3）凝結硬化が遅延する傾向にある。

（4）使用材料の品質変動や計量誤差による影響を受けやすいため，厳しい品質管理，製造管理ならびに施工管理が要求される。

（5）コンクリートポンプによる圧送時の抵抗が大きい。

（6）従来のコンクリート以上に流動性などの保持時間に留意する必要がある。

自己充てん性を期待する高流動コンクリートは，粘性を付加する方法によって以下の3種類に分類される。その分類とおもな特徴は以下の通りである。

（1）**粉体系高流動コンクリート**（主として粉体量を多くすることによって粘性を得る）

1）選定できる水粉体比の範囲が狭い（28〜37 %）。

2）単位粉体量が多い（0.16〜$0.19 \text{ m}^3/\text{m}^3$）。

3）使用する粉体の種類によっては，自己収縮量が大きくなる場合がある。

4）細骨材の表面水や粗粒率の変動が，フレッシュコンクリートの品質変動に与える影響が大きい。

5）使用する粉体の種類が多いため，製造に当たり，多くのサイロを必要とする。

（2）**増粘剤系高流動コンクリート**（主として増粘剤によって粘性を得る）

1）増粘剤の種類によっては，単位水量が 180 kg/m^3 を超える場合がある。

2）増粘剤と他の混和剤との間に適合性の良否がある。

3）増粘剤の添加量の増減により，塑性粘度の調整が容易に行える。

4）増粘剤の種類によっては，凝結時間が遅延する場合がある。

（3）**併用系高流動コンクリート**（増粘剤は主として粉体系における品質の変動を小さくする目的で用いられる）

1）選定できる水粉体比の範囲が狭い。

2) 単位粉体量を $0.13\,\mathrm{m^3/m^3}$ 以上とする必要がある。
3) 使用する粉体の種類によっては，自己収縮量が大きくなる場合がある。
4) 流動性を高めても分離の少ないコンクリートを得ることができる。
5) 使用材料の変化に起因するフレッシュコンクリートの品質変動を緩和することができ，安定したフレッシュコンクリートの性質を容易に得ることができる。
6) 使用する粉体の種類が多いため，製造に当たり，多くのサイロを必要とする。

2.6.5　その他の特殊な施工をするコンクリート

〔1〕 **吹付けコンクリート**　吹付けコンクリート（shotcrete）とは，圧縮空気でコンクリートまたはモルタルを補強物あるいは型枠面に吹付け，付着させ，そのままの状態で硬化させるコンクリートで**ショットクリート**ともいわれる。吹き付けたコンクリートを早く固めるため，混和剤として急結剤を用いることが多い。

吹付けコンクリートは，比較的小さい機械で施工できる，比較的小さい水セメント比のものがつくれる，型枠は片側しか必要としない等の長所がある反面，熟練した作業員を要する，密度が小さくなりやすい，ひび割れを生じやすい，表面が平滑ではない，施工中粉じんの発生が多い，材料のはね返り量が多い（5～50 ％）等の短所がある。

吹付けコンクリートには，乾式工法（dry mix process）と湿式工法（wet mix process）の2種類がある。

乾式工法は，セメントと骨材とを練り混ぜた物と水とを別々にノズルまで送り，そこで所定の割合で混合して圧縮空気で吹き付けるものであり，**湿式工法**は，水を含めたすべての材料をあらかじめ所定の割合で練り混ぜておき，それをノズルまで送って圧縮空気で吹き付けるものである（**図 2.63**（a），（b））。吹付け器具を**吹付けガン**ということもある。

湿式工法は，乾式工法に比べて吹付け中の粉じんの発生が少ない，はね返り量も少ない，配合の管理がよくできる（乾式では，作業員の判断による部分が

2.6 特殊な配慮を要するコンクリート

(a) 吹付けコンクリートの施工プラントの一例(湿式, ポンプ圧送方式)　　(b) 吹付け作業

図 2.63　コンクリートの吹付け

あるのに対し，湿式では計量によっている）等の特長があり，一方，乾式工法は，輸送時間の制限が少ない（湿式では，輸送距離は200 m程度が限度であるのに対し，乾式では500 m程度でも可能），作業を中断しても後の作業に支障をきたさない等の特長がある。

〔2〕 **プレパックドコンクリート**　プレパックドコンクリート（prepacked concrete）とは，コンクリートを打ち込もうとする型枠内にあらかじめ粗骨材を入れておき，後にモルタル注入を行うことによって，粗骨材間の空げきを埋めてコンクリートとする工法である。

この工法は，水中にコンクリート構造物をつくる場合等でよく用いられるが，この場合，注入は下方から始めて，注入パイプを徐々に引き上げるため，注入モルタル面は徐々に上昇し，型枠内の水は注入モルタル表面で押し出され，でき上がったコンクリート中には余分の水は残らない（**図2.64**）。

また，この工法は，重量コンクリートなどのように，骨材の密度がたいへん大きく分離しやすいコンクリートの場合，例えば原子炉遮へい体のように構造物中に埋込み管等の障害物が多いためコンクリートが施工しにくい場合，埋設物の位置がずれないように精度よく施工しなければならない場合等にも適している。

プレパックドコンクリートでは，特にモルタル注入において，実際に目で見ながら施工することができず，手さぐり状態で行うことになるため，施工条件によって品質が影響されやすい。したがって，これを施工するには十分な熟練

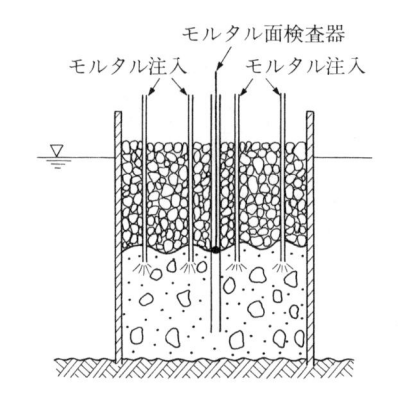

図 2.64 プレパックドコンクリート

と経験が必要である。

使用する粗骨材に関していえば，粗骨材中に小さい粒子が多いと，注入モルタルが十分にゆきわたらないため，一般に**粗骨材の最小寸法**（質量で少なくとも 95 % がとどまるふるいのうち，最大寸法のふるいの呼び寸法で示される粗骨材の寸法）は，15 mm 以上とされ，いわゆる**不連続粒度**となっている。

プレパックドコンクリートにおいては，粗骨材どうしが始めから接触しているため，乾燥収縮量は，一般に小さくなる。

〔3〕 **ポリマーコンクリート**　ポリマーコンクリート（polymer concrete）とは，骨材を結合するマトリックスの一部または全部にポリマーを用いたコンクリートの総称であり，つぎの3種類に分けられる。

（1） ポリマー含浸コンクリート（polymer impregnated concrete, PIC とも略される）

（2） レジンコンクリート（resin concrete, REC とも略される）

（3） ポリマーセメントコンクリート（polymer-cement concrete, PCC とも略される）

ポリマー含浸コンクリートは，硬化したセメントコンクリート（または，モルタル）の表面部分の連続した細かい空げき内面をポリマーで覆ったり埋めたりしてコンクリートとポリマーとを一体化するものであり，これによってその部分のコンクリートは強度が上がると同時に，耐すりへり性，水密性，耐薬品

性，耐衝撃性が向上する。

　ポリマーを空げきに注入する方法としては，あらかじめコンクリート（またはモルタル）を乾燥させてその部分の空げきを空にしておき，そこに表面から主として液状の**モノマー**（monomer：重合によってポリマーを合成する低分子量化合物）またはプレポリマー（prepolymer：重合によってポリマーとなる物質の重合前の状態の物）に添加物を加えて，含浸させる。その後，その状態で熱または放射線によって，重合させてポリマーとする。

　含浸コンクリート用モノマーとしては，メチルメタアクリレート，スチレン等が用いられる。また，用途としては，侵食性の水を送る各種パイプや，海中構造部材等である。

　レジンコンクリートは，コンクリートのマトリックスとして，セメントペーストのかわりに液状の熱硬化性ポリマー（不飽和ポリエステル樹脂，エポキシ樹脂等）に，硬化剤，充てん材を加えたものを用いたコンクリートである。セメントコンクリートと比べて，硬化時間が短く，強度（特に曲げ強度や引張強度）耐すりへり性，水密性，耐凍害性，耐薬品性等が大きくなるので，軽量化にメリットがある各種プレキャスト製品，ライニングやコーティング，急速補修材等に用いられる。

　ポリマーセメントコンクリートは，コンクリートのマトリックスとして，セメントとポリマーとの混合物を用いたものである。ポリマーの混合方法としては，ポリマーを微粒子として水中に分散させ（**ポリマーディスパージョン**：polymer dispersion という），これとセメントとを混合する。ポリマーディスパージョンには，ゴム質物質を分散した**ラテックス**（latex）と合成樹脂を分散させた**エマルジョン**（emulsion）とがある。

　ポリマーセメントコンクリートは，下地との接着性がよいことから，塗り床や防水ライニング，各種材料の接着材，あるいは防食被覆材として用いられる。セメントコンクリートと比べて，曲げ強度，引張強度は増加するが，圧縮強度はあまり増加しないので，現在，構造部材としてはあまり用いられない。

〔4〕**繊維補強コンクリート**　　繊維補強コンクリート（fiber reinforced

concrete：繊維コンクリートともいう）は，モルタルまたはコンクリート中に，各種の繊維を混入させ，主として引張強度や伸び能力を増大させたものである。また，引張強度や伸び能力が増大することによって，曲げ強度，せん断強度，すりへり強度，圧縮強度も増大し，ひび割れ分散性，延性，耐衝撃性，耐凍害性もよくなる（図2.65）。

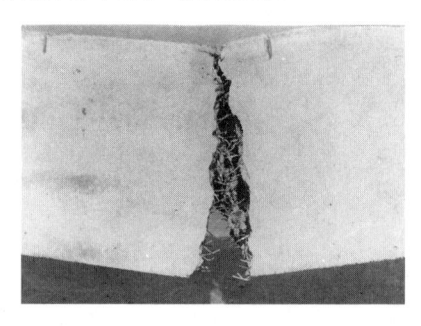

図2.65 鋼繊維補強コンクリートの破面

使用する繊維の材料としては，一番多く用いられている鋼のほか，炭素，ガラス，プラスチック等がある。

鋼繊維にも種々の形状，寸法があるが，断面は丸形や四角形が多く，寸法は直径 0.2〜0.7 mm，長さ 20〜50 mm 程度のものが多い。さらに，付着をよくするため，繊維の端部を曲げたりつぶしたりして加工したもの，全体が異形のものなどもある。

鋼繊維補強コンクリートにおける鋼繊維の使用量は，コンクリート $1 m^3$ に対して 80〜150 kg/m^3 程度である。

第3章 鋼材

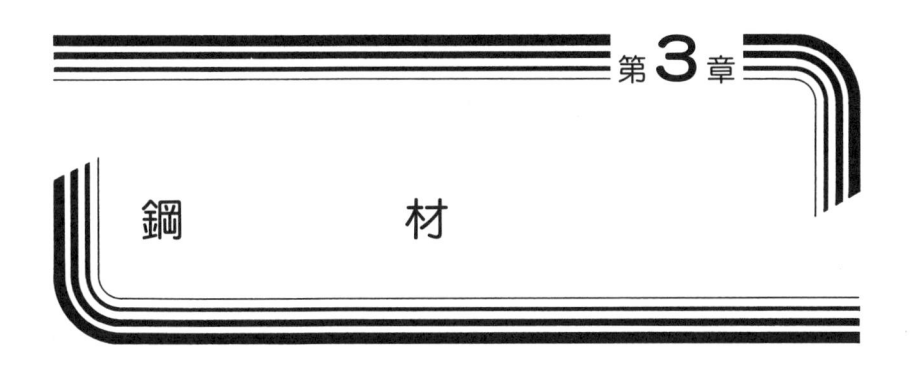

3.1 一般

　土木材料として鋼材（steel）は現在では最も広く使用されており，特に，構造部材は鋼材によって成り立っているものが多い。鉄筋コンクリートやプレストレストコンクリートにおいても，その曲げ耐力は引張力を受けもつ鋼材の強度によって定まるのが一般的である。

　このように，鋼が土木材料として広く用いられる理由は，現在では，鋼材は強度のわりに価格が安く，品質も均一で安定しているからである。

3.1.1 鉄と鋼

　土木材料として使用する鋼材は，ときには鉄材とも呼ばれる。それでは，鉄と鋼との関係はどのようになっているのであろうか。

　鋼も鉄（Fe）を原料とした金属であることはよく知られていることであるが，一般的にいえば鉄（Fe）は，その中に含まれる炭素（C）の量によって，性質が大きく変わってくる。

　昔の鉄の分類は，その性質によってつぎのように行われていた。

　ⅰ）鍛鉄（錬鉄）　鍛錬（加熱してたたく）をすると，割れずに形を変える，焼入れ不能。

　ⅱ）鋼　焼入れ可能，鍛錬可能。

　ⅲ）鋳鉄　溶けやすく，鋳物をつくりやすい，焼入れ不能，鍛錬不能。

そして，このように分類すると，当時は鍛鉄では炭素量が 0.45 % 程度以下，

鋼では0.45〜1.7％程度，鋳鉄では1.7％程度以上と考えられていた。

ところが，最近では技術が向上して鉄のつくり方も変わり，以上の分類では，それぞれの境界があまり明瞭でなくなってきたので，分類は鉄の組織学上から行われるようになり，以下のようになった。

 i) 純鉄（広義の純鉄）　炭素量が鋼より少ないもの（C＜0.02〜0.03％程度）。

 ii) 鋼　オーステナイト（austenite）からパーライト（perlite）への変態を示す。焼入れ可能（0.02〜0.03％＜C＜1.7％）。

 iii) 鋳鉄　（1.7％＜C）。

土木材料で，現在構造物に使用される鉄材は，炭素量0.3％程度以下であり，したがって，そのようなものは昔は錬鉄の分類に入っていたが，現在ではすべて鋼ということになる。

3.1.2 鋼材の歴史

鋼材の原料である鉄が人々に利用されるようになったのは，古く紀元前3500年ごろではないかと推定されているが，使用が明確になっているのは，紀元前2800年ごろからである。

当時は，鉄鉱石を溶かして鉄を取り出すような技術はまだなく，鉄鉱石中の酸化鉄を取り出し，それを木炭で還元して鉄を得ていた。

14世紀になって，木炭を使った高炉によって鉄鉱石を溶かして鉄を得ることができるようになり，続いて18世紀の初めには，コークスが使われるようになり，19世紀になって初めて今日の製鉄法が確立された。

鉄を鋼にする技術は，古くは，銑鉄（pig iron）と木炭とを層状に重ねて加熱し，鉄を半溶状態にして，空気中の酸素によって脱炭していたが，18世紀になって，るつぼに入れて加熱する方法，反射炉で加熱する方法と進歩し，19世紀には，溶けた銑鉄の中に酸素を吹き込むことによって，加熱脱炭する方法が行われるようになった。

3.2 鋼材の製造方法

鋼材の製造工程は大きく分けると，鉄鉱石から銑鉄をつくる工程（製銑），銑鉄から鋼をつくる工程（製鋼），鋼の塊から鋼製品をつくる工程（成形）および熱処理の四つである。

ただし，これらの工程はすべて鉄鋼メーカの工場で行われるものであり，われわれ土木技術者は，鉄材の製造には直接関与せず，おもにでき上がった鋼製品を購入し，そのままあるいは加工したり，組み立てたりして使用するのである。したがって，ここでは鋼材の製造方法は，簡単に扱うことにする。

3.2.1 銑鉄の製造（製銑）

鉄の原料は赤鉄鉱（Fe_2O_3），褐鉄鉱（$2Fe_2O_3 \cdot 3H_2O$），磁鉄鉱（Fe_3O_4），菱鉄鉱（$FeCO_3$）等の鉄鉱石である。鉄鉱石は，上記のような酸化鉄のほかに，SiO_2 等の岩石分およびその他の不純物を含んだもので，一般に使われる鉄鉱石中の鉄分は，60％程度である。

銑鉄は，図 3.1, 3.2 に示すような高炉（溶鉱炉）でつくられる。高炉の中には，炉頂から鉄鉱石（銑鉄1t当り，約1.6t）のほか，コークス（400〜450 kg/銑鉄 t），石灰石（200〜300 kg/銑鉄 t）等を入れ，下方の羽口からは，

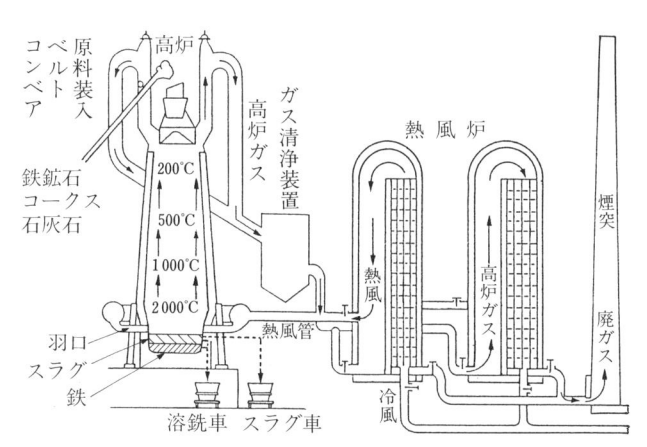

図 3.1 高炉と付属設備の模式図
（日本鉄鋼連盟：鉄鋼のスラグ）

図 3.2 高　　　炉

700～1 000℃の熱風を吹き込んで，コークスを燃焼させる。すると，温度は2 000℃程度まで上昇し，CO分の多いガスとなるため，それが鉄鉱石を還元，溶解させ，溶解した鉄は，下方に落ちてたまる。

使用材料のうち，コークスは，酸化鉄の還元剤と燃料とを兼ねたもので，これによって炭素分の多い鉄が得られる。

石灰石は，鉄鉱石中の岩石分の除去剤として用いられるものであり，岩石分の SiO_2 や Al_2O_3 と CaO とが 800～1 500℃の高温で化合してスラグ（slag：けい酸塩）となり，溶解する。

高炉の下方（湯だまり）に集まった溶融状の鉄およびスラグは，比重が異なるため（鉄の比重は 7.85，スラグの比重は 3 程度）鉄は下方にたまり，スラグおよび不純物は上層に浮上する。そして，一定時間ごとに，鉄とスラグとを別々に取り出すか，または一緒に取り出してから，比重の差によって鉄とスラグとを分ける。スラグの量は，鉄 1 t 当り通常 300 kg 程度である。

取り出された鉄は，銑鉄といい，鉄分 92～93 ％，炭素（C）2.5～5 ％であり，残りは硫黄（S：0.1 ％以下），けい素（Si：1.0～3.5 ％），りん（P：0.1 ％以下）等である。

3.2.2 鋼の製造（製鋼）

鋼の製造は，高炉から取り出した溶融状態の銑鉄を，別の専用の炉に入れて行う。

製鋼用の炉のおもなものは，転炉，平炉，電気炉の 3 種である。

〔1〕 転　炉　　溶融した銑鉄を，傾けることのできるとっくり形の転炉に入れ，これに高圧の空気または酸素を吹き込む。すると，銑鉄中のC，S，Si，P等が燃焼して酸化するため，不純物は減少し，Cも減少して鋼になる。空気を吹き込む場合には，空気中の窒素が鋼の中に入りやすくなるので，酸素を用いるほうがよい品質のものが得られる。

転炉で製鋼する場合には，10～20分間で10～40tの銑鉄を鋼にすることができる。この炉の欠点は，短時間で製鋼が行われるため，品質調整に熟練が必要であることと，燃料を原料中の不純物に依存しているため，原料に制限がある（製銑のとき，炭素分の多い鉄とする等）ことである（**図3.3**）。

図3.3　転　　　炉

〔2〕 平　炉　　平炉は，固定式の炉であり，製鋼に当たって燃料ガスと空気を予熱混合して炉内に入れる。使用原料としては，銑鉄のほか，一般に屑鉄（スクラップ）および石灰石も同時に入れる。すると，P，Si，Mnは酸化物となり，CaOと化合してスラグになる。Cは，COとして排出され，Sは，CaS，MnSとして除かれる。

平炉で製鋼する場合には，7～10時間で60～200tの鋼を得ることができ，時間が長いので，品質の調節は自由であるが，効率が悪いため最近ほとんど転炉に切り換えられている。

〔3〕 電気炉　　電気炉は，電流の熱効果を利用して高温を発生させるものであるが，その他の製鋼の原理は，平炉と同じである。しかし，高純度のスクラップを用いる場合には，純度の高い溶鋼が得られるため，特殊鋼や合金鋼の

製造に適している。

3.2.3 鋼の成形

溶融した鋼には酸素が多く含まれているので，酸素を十分にとらないままで凝固させてしまうと，外周部は良質な層（リム層）ができるが，内部には気泡が多く含まれるようになる。このような鋼を**リムド鋼**（rimmed steel）という。

完全に脱酸した場合には，内部まで比較的良質となる。このような鋼を，**キルド鋼**（killed steel）といい，一般に高級鋼に用いられる。また，この中間の性質のものを，**セミキルド鋼**（semikilled steel）という。このほかにも**キャップド鋼**（capped steel）がつくられるが，これはセミキルド鋼とリムド鋼との中間的な性質のものである。

製鋼炉から取り出した溶融した鋼は，その後の成形のため圧延しやすいような形に固める。圧延用の鋼の塊は，断面の形によって，主として鋼板をつくるための幅が広いもの（幅が厚さの2倍以上）を**スラブ**（slab），主として形鋼，パイプ，鉄筋用のもの（断面 232 cm^2 以上の棒）を**ブルーム**（bloom），主としてパイプ，棒鋼，線材用の円形や矩形断面のものを**ビレット**（billet）と呼んでいる。

これらをつくるには，一般には図 3.4 に示すように，連続的にこの断面形状に固め，これを所定の長さに切る。この方法は**連続鋳造**（continuous casting）といい，主としてキルド鋼，セミキルド鋼がつくられる。また，現在では鋼の大部分がこの方式によっている。連続鋳造した鋼は，このまま引き続いて圧延工程にまわされる。

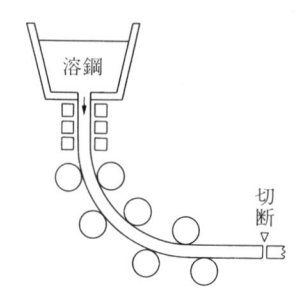

図 3.4　連続鋳造

3.2 鋼材の製造方法

このほかに，大きな鋳型に入れて固める方法もある。この場合，得られた鋼の塊を**鋼塊**（**インゴット**：ingot）といい，主としてリムド鋼，キャップド鋼がつくられる。

鋼塊は，これを圧延，鍛錬，けん引，鋳造，あるいはこれらの組合せによって所要の形に成形する。圧延するためには，鋼塊を分塊圧延機によって，スラブ，ブルーム，ビレット等の圧延しやすい塊に成形（分塊という）してから圧延する。

〔1〕**圧 延**　圧延（rolling）とは，鋼をたがいに反対方向に回転する二つのロールの間にはさんで，圧縮力を加え，押し出しながら品質の改良と同時に断面を小さくしたり形状を変えたりすることをいうが（**図3.5**），製品をつくるに際して，一度に所要の形に圧延するのではなく，何回にも分けて徐々に形を変えてゆく（**図3.6，3.7**）。

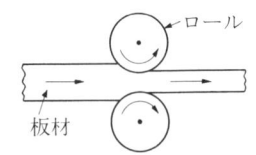

図3.5　圧　　　延

図3.6　厚板の圧延　　　　図3.7　連続式熱間圧延機

このようにしてつくられた鋼材を，**圧延鋼材**といい，構造用鋼材の大部分は，このようにしてつくられている。

一般に，厚さが2.3〜3.0 mm以上の鋼は，加熱した状態で圧延（**熱間圧延**：hot rolling）し，それ以下の厚さのものは常温で圧延（**冷間圧延**：cold rolling）する。

〔2〕**鍛錬**　加熱状態でハンマー打ちして形を変えたり性質を変えたりすることを鍛錬という。また，ハンマー打ちで種々な形の物をつくることを**鍛造**（forging）という。

〔3〕**引抜き（けん引）**　引抜き（drawing）とは，主として線材をダイス（die）を通して引き出し，品質を改良するとともに細くする加工である（図3.8）。

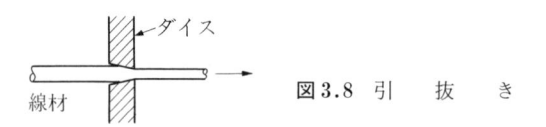

図3.8　引　抜　き

　一般に鉄線をつくる場合，直径約5mmまで圧延した丸棒を，常温下で引抜きを繰り返し行い（**冷間引抜き**：cold drawing），所要の直径まで徐々に細くする。

〔4〕**鋳造**　鋳造（casting）とは，鋼を溶解し，あらかじめつくっておいた鋳物砂製の型枠にそれを流し込むことによって，所定の形状の鋼製品をつくることである。

3.2.4　熱　処　理

　成形された鋼材は，必要に応じて熱処理（heat treatment）が行われる。

　熱処理のおもなものは，焼入れ，焼戻し，焼なまし，焼ならしである。

〔1〕**焼入れ**　鋼材を，それぞれ目的に応じて，800〜1000℃の温度（赤熱）まで炉で加熱し，その後，水または油で急冷して硬化させることを，焼入れ（hardening, quenching）という。焼入れによって，鋼は強度が増大するが著しく硬くなる。

　一般には，焼入れ温度は，炭素量が少ないほど高温になる。また，焼入れ温度以上に加熱すると，鋼の質が荒れてきて，せっかく熱処理をしても使用できないものとなる。

〔2〕**焼戻し**　焼入れした鋼は，強度は上がるが，硬くてもろい性質とな

るが，これを600°C程度の温度まで再加熱すると，鋼の組織は安定化し，粘りが増加する。このような操作を焼戻し（tempering）という。一般には，焼入れと組み合わせて用いられる。このように，焼入れた後に焼き戻して適当な性質にすることを**調質**という。

焼戻しは，焼戻し温度が高いほど硬度と引張強度が下がり，伸びおよび絞りが増し，衝撃値が向上する。

〔3〕 **焼なまし（焼鈍）**　鋼材を800～1 000°Cの温度にまで加熱し，炉中で徐冷すると，鋼材の弾性限度や強度は低下して伸びは増加する。これを，**軟化**という。また，500～600°Cに加熱して徐冷すると，鋼の機械的性質はあまり変化しないで，残留応力が除かれる。これら加熱して炉中で徐冷する操作を焼なまし（annealing）という。

〔4〕 **焼ならし（焼準）**　鋼材を800～1 000°Cの温度まで加熱し，空冷すると，鋼の組織が細粒化され均質となる。これを焼ならし（normalizing）という。

3.3　鋼材の種類と性質

土木材料として使用される鋼材は，すべて工場製品であり，ほとんどの鋼材の種類と品質は，JISに定められている。すなわち，鉄鋼メーカでは，JISに合うような物を製造しており，われわれが鋼材を使用するに当たっては，JISの中から適当なものを選ぶことになる。

土木でよく使われる鋼材のおもなものは，以下のとおりである。

ⅰ）鋼板　　橋，その他の一般的な構造物をつくるときに用いる平板状の鋼材。

ⅱ）形鋼・平鋼　　条鋼の一種で，断面が種々の形をしている鋼材。

ⅲ）鉄筋コンクリート用棒鋼　　主として，コンクリートの中に埋め込んでコンクリートの補強に使用する円形または円形に近い棒鋼。

ⅳ）PC鋼棒，PC鋼線およびPC鋼より線　　主として，プレストレストコンクリートに用いる円形または円形に近い高強度の鋼棒，鋼線および鋼線を

よったもの。

　v）鋼ぐい　　主として，構造物の基礎に使用する形鋼や鋼管．土止め用に使用されることもある．

　vi）鋼矢板　　主として，連続的に地中に打込み，土止め，締切りに使用する鋼材．構造物の基礎に用いられることもある．

　vii）その他　　ボルト，リベット，機械構造用炭素鋼鋼材，鋳鋼，鋳鉄など．

3.3.1　鋼材の性質

〔1〕**密　度**　　鋼材の密度は7.85，鋳鉄の密度は7.25程度でほぼ一定である．

〔2〕**強　度**　　鋼材は引張りに強い材料であるため，強度は一般の場合，引張りによって表される．圧縮強度は，基本的には引張強度とほぼ等しいと考えられるが，多くの場合，鋼部材は薄肉であったり，細長い物であったりするため，座屈の影響によってより小さな値となることが多い．

　鋼材の引張強度を調べる場合，製品をそのまま引っ張って試験をすることもあるが，鋼材は強度が大きく，また材質が均一であため，製品から引張試験用の試験片を切り出して，これを用いて試験することも多い．

　鋼材を引張試験すると，一般に降伏点を示すので，構造物の設計における強度の基準としては，降伏点応力度（yield stress）が使われることが多い．ただし，冷間加工を行って強度を上げた鋼材等では，はっきりした降伏点を示さない場合があるので，このような鋼材においては，降伏点応力度にかわるものとして一般に0.2％永久ひずみを示す応力度（**耐力**：proof stress という）が用いられる（**図 3.9**）．

　引張強度は，鋼材が引っ張られたときに破断するまでの間の最大の応力度である．

　なお，圧縮強度，せん断強度については，本シリーズ11"改訂鋼構造学"2章を参照されたい．

〔3〕**伸　び**　　鋼材の引張供試体を徐々に引っ張ると，最高強度を示した

図 3.9　鋼材の耐力

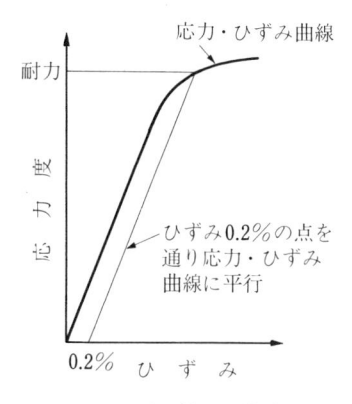

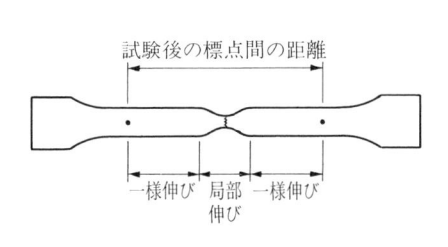

図 3.10　鋼材の伸びの分布

後，破断する前に大きな塑性の伸び（elongation）を示す。この伸びの様子を観察すると，初めは一様に伸びていたのが，破断する直前にはある一部分が特に大きく伸びて断面が小さくなり，その部分で破断する（**図 3.10**）。

この伸びのうち，局部的に大きく伸びて断面が小さくなる所の伸びを**局部伸び**，一様に伸びた所の伸びを**一様伸び**という。

品質規格等でいう鋼材の伸びとは，一様伸びと局部伸びとの和，すなわち，引っ張った後の標点間の距離から引っ張る前の標点間の距離（**標点距離**：gage length という）を引いた値を標点距離で割ったものである。したがって，同じ鋼材でも標点距離が小さいほど，伸びの値は大きくなる。

供試体破断位置における断面積の，元の断面からの減少率〔％〕を，**絞り**（reduction of area）という。

〔4〕　**弾性係数**　　鋼材のヤング係数 E_s は，鋼材の種類によって若干異なるが，ほぼ一定の値であり，一般に $2.0 \times 10^5 \text{ N/mm}^2$ が用いられる。鋳鉄のヤング係数は，約 $1.0 \times 10^5 \text{ N/mm}^2$ である。

鋼材のポアソン比 ν は 0.30，鋳鉄のポアソン比は 0.25 である。

せん断弾性係数 G_s は

$$G_s = \frac{E_s}{2(1+\nu)}$$

より求まる。

〔5〕 **線膨張係数**　炭素鋼の線膨張係数（coefficient of linear expansion）は，その化学成分によって若干異なるし，また測定温度によっても異なる。しかし，常温下で使用される一般の鋼材はほぼ一定と考えてよく，$1.2 \times 10^{-5}/℃$ 程度である。

〔6〕 **シャルピー衝撃値**　鋼材の衝撃に対する強さを表すためには，シャルピー衝撃値（Charpy impact strength）が用いられる。鋼材は，一般に温度が低くなると，耐衝撃性が低下するので，試験温度とそのときの衝撃値との関係で，鋼材の耐衝撃性を表している。

シャルピー衝撃試験とは，鋼材から $10 \times 10 \times 55$ mm の小さな試験片を切り出し，その中央に定められた寸法のノッチを入れておく。この試験片を定められた温度に冷やした後，シャルピー衝撃試験機で衝撃を与えてノッチ部から破壊させ，破壊するに要したエネルギーを求める（**図 3.11**）。このエネルギーを**シャルピー吸収エネルギー** 〔J〕といい，シャルピー吸収エネルギーを切欠き部の原断面積 〔cm^2〕で除した値を**シャルピー衝撃値** 〔J/cm^2〕という。

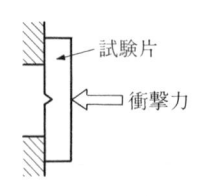

図 3.11　シャルピー衝撃試験の原理

3.3.2　鋼　　　板

橋をはじめとする鋼構造物のうちの形が複雑なものは，ほとんどすべて鋼板（steel plate）を種々な形に切断し，溶接で組み立ててつくられる。鋼板として一般に使用される鋼種は，"一般構造用圧延鋼材"および"溶接構造用圧延鋼材"であり，そのほかに耐候性をもたせるために"溶接構造用耐候性熱間圧延鋼材"が用いられることもある。

一般構造用圧延鋼材は，橋，建築，船舶，車両，その他の構造物に用いる一般構造用の熱間圧延鋼材であり，JIS G 3101 に規定されている。その化学成分および機械的性質を**表 3.1** および**表 3.2** に示す。

3.3 鋼材の種類と性質

表3.1 一般構造用圧延鋼材の化学成分（JIS G 3101）

種類の記号	C	Mn	P	S
SS330	—	—	0.050 以下	0.050 以下
SS400				
SS490				
SS540	0.30 以下	1.60 以下	0.040 以下	0.040 以下

（備考）　必要に応じて上表以外の合金元素を添加してもよい。

表3.2 一般構造用圧延鋼材の機械的性質（JIS G 3101）

種類の記号	降伏点又は耐力 [N/mm²] 鋼材の厚さ[1][mm]				引張強さ [N/mm²]	鋼材の厚さ[1] [mm]	引張試験片	伸び [%]	曲げ性 曲げ角度	内側半径	試験片[3]
	16以下	16を超え40以下	40を超え100以下	100を超えるもの							
SS330	205以上	195以上	175以上	165以上	330〜430	鋼板，鋼帯，平鋼の厚さ5以下	5号	26以上	180°	厚さの0.5倍	1号
						鋼板，鋼帯，平鋼の厚さ5を超え16以下	1A号	21以上			
						鋼板，鋼帯，平鋼の厚さ16を超え50以下	1A号	26以上			
						鋼板，平鋼の厚さ40を超えるもの	4号	28以上[2]			
						棒鋼の径，辺又は対辺距離25以下	2号	25以上	180°	径，辺又は対辺距離の0.5倍	2号
						棒鋼の径，辺又は対辺距離25を超えるもの	14A号	28以上			
SS400	245以上	235以上	215以上	205以上	400〜510	鋼板，鋼帯，平鋼，形鋼の厚さ5以下	5号	21以上	180°	厚さの1.5倍	1号
						鋼板，鋼帯，平鋼，形鋼の厚さ5を超え16以下	1A号	17以上			
						鋼板，鋼帯，平鋼，形鋼の厚さ16を超え50以下	1A号	21以上			
						鋼板，平鋼，形鋼の厚さ40を超えるもの	4号	23以上[2]			
						棒鋼の径，辺又は対辺距離25以下	2号	20以上	180°	径，辺又は対辺距離の1.5倍	2号
						棒鋼の径，辺又は対辺距離25を超えるもの	14A号	22以上			
SS490	285以上	275以上	255以上	245以上	490〜610	鋼板，鋼帯，平鋼，形鋼の厚さ5以下	5号	19以上	180°	厚さの2.0倍	1号
						鋼板，鋼帯，平鋼，形鋼の厚さ5を超え16以下	1A号	15以上			
						鋼板，鋼帯，平鋼，形鋼の厚さ16を超え50以下	1A号	19以上			
						鋼板，平鋼，形鋼の厚さ40を超えるもの	4号	21以上[2]			
						棒鋼の径，辺又は対辺距離25以下	2号	18以上	180°	径，辺又は対辺距離の2.0倍	2号
						棒鋼の径，辺又は対辺距離25を超えるもの	14A号	20以上			
SS540	400以上	390以上	—	—	540以上	鋼板，鋼帯，平鋼，形鋼の厚さ5以下	5号	16以上	180°	厚さの2.0倍	1号
						鋼板，鋼帯，平鋼，形鋼の厚さ5を超え16以下	1A号	13以上			
						鋼板，鋼帯，平鋼，形鋼の厚さ16を超え40以下	1A号	17以上			
						棒鋼の径，辺又は対辺距離25以下	2号	13以上	180°	径，辺又は対辺距離の2.0倍	2号
						棒鋼の径，辺又は対辺距離25を超えるもの	14A号	16以上			

注 1) 形鋼の場合，鋼材の厚さは，試験片採取位置の厚さとする。棒鋼の場合，丸鋼は径，角鋼は辺，六角鋼は対辺距離の寸法とする。
　 2) 厚さ90 mmを超える鋼板の4号試験片の伸びは，厚さ25.0 mm又はその端数を増すごとに，この表の伸びの値から1を減じる。ただし，減じる限度は3とする。
　 3) 厚さ5 mm以下の鋼材の曲げ試験には，3号試験片を用いてもよい。

溶接構造用圧延鋼材は，橋，建築，船舶，車両，石油貯槽，その他の構造物に用いる。特に溶接性に優れた熱間圧延鋼材であり，JIS G 3106 に規定されている。その化学成分および機械的性質のうち，おもなものを**表3.3**および**表3.4**に示す。ただし，このほかに厚さ 12 mm を超える鋼材には，シャルピー吸収エネルギーの規定もあり，さらに SM570 については，溶接性から定められた炭素当量（carbon equivalent）C_{eq}（$= C+Mn/6+Si/24+Ni/40+Cr/5+Mo/4+V/14$）の規定もある。

表3.3 溶接構造用圧延鋼材の化学成分（JIS G 3106）　　　（単位：%）

種類の記号	C	Si	Mn	P	S
SM400A	厚さ 50 mm 以下　0.23 以下 厚さ 50 mm を超え 200 mm 以下　0.25 以下	—	2.5×C 以上[1]	0.035 以下	0.035 以下
SM400B	厚さ 50 mm 以下　0.20 以下 厚さ 50 mm を超え 200 mm 以下　0.22 以下	0.35 以下	0.60〜1.50	0.035 以下	0.035 以下
SM400C	厚さ100 mm 以下　0.18 以下	0.35 以下	0.60〜1.50	0.035 以下	0.035 以下
SM490A	厚さ 50 mm 以下　0.20 以下 厚さ 50 mm を超え 200 mm 以下　0.22 以下	0.55 以下	1.65 以下	0.035 以下	0.035 以下
SM490B	厚さ 50 mm 以下　0.18 以下 厚さ 50 mm を超え 200 mm 以下　0.20 以下	0.55 以下	1.65 以下	0.035 以下	0.035 以下
SM490C	厚さ100 mm 以下　0.18 以下	0.55 以下	1.65 以下	0.035 以下	0.035 以下
SM490YA SM490YB	厚さ100 mm 以下　0.20 以下	0.55 以下	1.65 以下	0.035 以下	0.035 以下
SM520B SM520C	厚さ100 mm 以下　0.20 以下	0.55 以下	1.65 以下	0.035 以下	0.035 以下
SM570	厚さ100 mm 以下　0.18 以下	0.55 以下	1.70 以下	0.035 以下	0.035 以下

溶接構造用耐候性熱間圧延鋼材は，橋，建築，その他の構造物に用いる溶接性を考慮した耐候性熱間圧延鋼材であり，JIS G 3114 に規定されている。その化学成分および機械的性質を**表3.5**および**表3.6**に示す。

最近では，JIS に定められた材質よりさらに高強度の鋼材で，例えば引張強度が 690 N/mm^2 や 780 N/mm^2 の鋼材も使用されることがある。

鋼板の標準寸法は JIS G 3193 に定められているので，使用に当たっては，

3.3 鋼材の種類と性質

表 3.4 溶接構造用圧延鋼材の機械的性質 (JIS G 3106)

種類の記号	降伏点又は耐力 [N/mm²] 鋼材の厚さ [mm]						引張強さ [N/mm²] 鋼材の厚さ [mm]		伸び		
	16以下	16を超え40以下	40を超え75以下	75を超え100以下	100を超え160以下	160を超え200以下	100以下	100を超え200以下	鋼材の厚さ [mm]	試験片	[%]
SM400A SM400B	245 以上	235 以上	215 以上	215 以上	205 以上	195 以上	400〜510	400〜510	5以下 5を超え16以下	5号 1A号	23以上 18以上
SM400C					—	—			16を超え50以下 40を超えるもの	1A号 4号	22以上 24以上
SM490A SM490B	325 以上	315 以上	295 以上	295 以上	285 以上	275 以上	490〜610	490〜610	5以下 5を超え16以下	5号 1A号	22以上 17以上
SM490C					—	—			16を超え50以下 40を超えるもの	1A号 4号	21以上 23以上
SM490YA SM490YB	365 以上	355 以上	335 以上	325 以上	—	—	490〜610	—	5以下 5を超え16以下 16を超え50以下 40を超えるもの	5号 1A号 1A号 4号	19以上 15以上 19以上 21以上
SM520B SM520C	365 以上	355 以上	335 以上	325 以上	—	—	520〜640	—	5以下 5を超え16以下 16を超え50以下 40を超えるもの	5号 1A号 1A号 4号	19以上 15以上 19以上 21以上
SM570	460 以上	450 以上	430 以上	420 以上	—	—	570〜720	—	16以下 16を超えるもの 20を超えるもの	5号 5号 4号	19以上 26以上 20以上

表 3.5 溶接構造用耐候性熱間圧延鋼材の化学成分の規定 (JIS G 3114) (単位：%)

種類の記号	C	Si	Mn	P	S	Cu	Cr	Ni
SMA400AW SMA400BW SMA400CW	0.18 以下	0.15〜 0.65	1.25 以下	0.035 以下	0.035 以下	0.30〜 0.50	0.45〜 0.75	0.05〜 0.30
SMA400AP SMA400BP SMA400CP	0.18 以下	0.55 以下	1.25 以下	0.035 以下	0.035 以下	0.20〜 0.35	0.30〜 0.55	—
SMA490AW SMA490BW SMA490CW	0.18 以下	0.15〜 0.65	1.40 以下	0.035 以下	0.035 以下	0.30〜 0.50	0.45〜 0.75	0.05〜 0.30
SMA490AP SMA490BP SMA490CP	0.18 以下	0.55 以下	1.40 以下	0.035 以下	0.035 以下	0.20〜 0.35	0.30〜 0.55	—
SMA570W	0.18 以下	0.15〜 0.65	1.40 以下	0.035 以下	0.035 以下	0.30〜 0.50	0.45〜 0.75	0.05〜 0.30
SMA570P	0.18 以下	0.55 以下	1.40 以下	0.035 以下	0.035 以下	0.20〜 0.35	0.30〜 0.55	—

（備考） 各種類とも耐候性に有効な元素の Mo, Nb, Ti, V, Zr などを添加してもよい。ただし，これらの元素の総計は 0.15 % を超えないものとする。

表3.6 溶接構造用耐候性熱間圧延鋼材の機械的性質 (JIS G 3114)

種類の記号	降伏点又は耐力〔N/mm²〕 鋼材の厚さ〔mm〕						引張強さ〔N/mm²〕	伸び 鋼材及び試験片の適用		
	16以下	16を超え40以下	40を超え75以下	75を超え100以下	100を超え160以下	160を超え200以下		厚さ〔mm〕	試験片	伸び〔%〕
SMA 400 AW SMA 400 AP	245以上	235以上	215以上	215以上	205以上	195以上	400〜540	5以下	5号	22以上
SMA 400 BW SMA 400 BP					—	—		16以下	1A号	17以上
SMA 400 CW SMA 400 CP	245以上	235以上	215以上	215以上				16を超えるもの 40を超えるもの	1A号 4号	21以上 23以上
SMA 490 AW SMA 490 AP	365以上	355以上	335以上	325以上	305以上	295以上	490〜610	5以下	5号	19以上
SMA 490 BW SMA 490 BP								16以下	1A号	15以上
SMA 490 CW SMA 490 CP	365以上	355以上	335以上	325以上	—	—		16を超えるもの 40を超えるもの	1A号 4号	19以上 21以上
SMA 570 W SMA 570 P	460以上	450以上	430以上	420以上	—	—	570〜720	16以下 16を超えるもの 20を超えるもの	5号 5号 4号	19以上 26以上 20以上

(備考) 引張強さの上限は，鋼板，鋼帯及び平鋼に適用する。注文者は形鋼についても指定してもよい。

種類の記号	試験温度〔℃〕	シャルピー吸収エネルギー〔J〕	試験片
SMA400BW SMA400BP	0	27以上	Vノッチ 圧延方向
SMA400CW SMA400CP	0	47以上	
SMA490BW SMA490BP	0	27以上	
SMA490CW SMA490CP	0	47以上	
SMA570W SMA570P	−5	47以上	

表3.7 鋼板の標準厚さ (JIS G 3193)　　　　　　(単位：mm)

1.2	1.4	1.6	1.8	2.0	2.3	2.5	(2.6)	2.8	(2.9)	3.2
3.6	4.0	4.5	5.0	5.6	6.0	6.3	7.0	8.0	9.0	10.0
11.0	12.0	12.7	13.0	14.0	15.0	16.0	(17.0)	18.0	19.0	20.0
22.0	25.0	25.4	28.0	(30.0)	32.0	36.0	38.0	40.0	45.0	50.0

(備考)　1. 括弧以外の標準厚さの適用が望ましい。
　　　　2. 鋼帯および鋼帯からの切板は，厚さ12.7 mm以下を適用する。

3.3 鋼材の種類と性質　　*123*

この標準寸法の中から選ばなければならない。**表 3.7〜3.9** に鋼材の標準寸法の規定を示す。なお，この中に出てくる**鋼帯**とは，平らに熱間圧延された鋼で，コイル状で供給されるものである。

表 3.8　鋼板の標準幅（JIS G 3193）　　（単位：mm）

600	630	670	710	750	800	850	900	914
950	1 000	1 060	1 100	1 120	1 180	1 200	1 219	1 250
1 300	1 320	1 400	1 500	1 524	1 600	1 700	1 800	1 829
1 900	2 000	2 100	2 134	2 438	2 500	2 600	2 800	3 000
3 048								

（備考）　1．鋼帯および鋼帯からの切板は，幅 2 000 mm 以下を適用する。
　　　　　2．鋼板（鋼帯からの切板を除く）は，幅 914 mm，1 219 mm および 1 400 mm 以上を適用する。

表 3.9　鋼板の標準長さ（JIS G 3193）　　（単位：mm）

1 829	2 438	3 048	6 000	6 096	7 000	8 000	9 000	9 144
10 000	12 000	12 192						

（備考）　鋼帯からの切板には適用しない。

3.3.3　形　鋼・平　鋼

形鋼（section steel, shape steel）および平鋼（flat steel）は，一般にこれを適当な長さに切断し，組み合わせることによって，構造物の全体またはその一部をつくる。

　形鋼および平鋼は，3.3.2 項に示した一般構造用圧延鋼材，溶接構造用圧延鋼材および溶接構造用耐候性熱間圧延鋼材でつくられる。形鋼の種類を**表 3.10** に示すが，これらの寸法の詳細は JIS G 3192 に定められている。

　等辺山形鋼とは，**図 3.12** に示す山形鋼において，A と B との寸法および t_1 と t_2 との厚さがそれぞれ等しいものであり，断面寸法の詳細を**付表 1** に示す。不等辺山形鋼は，t_1 と t_2 とは等しいが，A と B とが等しくないものであり，その断面寸法を**付表 2** に示す。不等辺不等厚山形鋼は，A と B も等しくなく，さらに t_1 と t_2 も等しくない山形鋼であり，その断面寸法を**付表 3** に示す。

　ほかの形鋼の断面寸法は**付表 4〜8** に示す。また，形鋼の標準長さを**表 3.11** に示す。形鋼の中には，以上に述べた熱間圧延によって製造されるもののほかに，**軽量形鋼**（light gauge section steel）と呼ばれる冷間形成の形鋼がある。

第3章 鋼材

表 3.10 形鋼の断面形状とその種類(JIS G 3192)

種類		断面形状略図
山形鋼 (angle)	等辺山形鋼	L
	不等辺山形鋼	L
	不等辺不等厚山形鋼	L
I 形鋼 (I beam)		I
みぞ形鋼 (channel)		[
球平形鋼 (bulb plate)		
T 形鋼 (T beam)		T
H 形鋼 (H beam)		H
CT 形鋼 (Cut-T section)		T

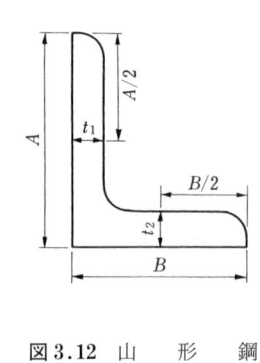

図 3.12 山形鋼

表 3.11 形鋼の標準長さ(JIS G 3192)(単位:m)

標準長さ							
6.0	7.0	8.0	9.0	10.0	11.0	12.0	13.0

表 3.12 軽量形鋼の種類(JIS G 3350)

種類の記号	断面形状による名称	断面形状記号
SSC400	軽みぞ形鋼	[
	軽 Z 形鋼	Z
	軽山形鋼	L
	リップみぞ形鋼	[
	リップ Z 形鋼	Z
	ハット形鋼	⊓

3.3 鋼材の種類と性質　*125*

これは，板厚 1.6〜6.0 mm の鋼板または鋼帯から冷間でロール成形法によって製造されるものであり，それらの種類を**表 3.12** に，機械的性質を**表 3.13** にそれぞれ示す。また，その形状寸法は，JIS G 3350 に定められている。

表 3.13　軽量形鋼の機械的性質（JIS G 3350）

記号	降伏点 $[N/mm^2]$	引張強度 $[N/mm^2]$	引張試験 伸び		
			厚さ[mm]	試験片	[%]
SSC400	245 以上	400〜540	5 以上	5 号	21 以上
			5 を超えるもの	1 A 号	17 以上

3.3.4　鉄筋コンクリート用棒鋼

鉄筋コンクリート用棒鋼（鉄筋：reinforcement, reinforcing bar）については，JIS G 3112 に定められており，純酸素転炉，電気炉または平炉による鋼から熱間圧延によって製造する。その化学成分を**表 3.14** に，機械的性質を**表 3.15** にそれぞれ示す。

表 3.14　鉄筋コンクリート用棒鋼の化学成分（JIS G 3112）

区分	種類の記号	化学成分 [%]					
		C	Si	Mn	P	S	$C+\dfrac{Mn}{6}$
丸鋼	SR235	—	—	—	0.050以下	0.050以下	—
	SR295	—	—	—	0.050以下	0.050以下	—
異形棒鋼	SD295A	—	—	—	0.050以下	0.050以下	—
	SD295B	0.27以下	0.55以下	1.50以下	0.040以下	0.040以下	—
	SD345	0.27以下	0.55以下	1.60以下	0.040以下	0.040以下	0.50以下
	SD390	0.29以下	0.55以下	1.80以下	0.040以下	0.040以下	0.55以下
	SD490	0.32以下	0.55以下	1.80以下	0.040以下	0.040以下	0.60以下

異形棒鋼（異形鉄筋：deformed bar）は，表面に突起を有するもので，表面突起のうち，軸線方向の突起を**リブ**（rib）といい，その他を**ふし**（lug）という。**図 3.13** に，異形鉄筋の一例を示す。また，その径の種類，寸法および質量等を**付表 9** に，標準長さを**表 3.16** にそれぞれ示す。異形鉄筋のふしをねじ状につくることによって，ナットで定着したり，**カプラー**（coupler）で確実に接合したりすることのできる**ねじふし異形鉄筋**を図 3.14 に示す。ねじふ

表 3.15 鉄筋コンクリート用棒鋼の機械的性質 (JIS G 3112)

種類の記号	降伏点又は0.2%耐力 $[N/mm^2]$	引張強さ $[N/mm^2]$	引張試験片	伸び[1] 〔%〕	曲げ性 曲げ角度	曲げ性 内側半径
SR235	235以上	380〜520	2号	20以上	180°	公称直径の1.5倍
			14A号	22以上		
SR295	295以上	440〜600	2号	18以上	180°	径16mm以下 公称直径の1.5倍
			14A号	19以上		径16mmを超えるもの 公称直径の2倍
SD295A	295以上	440〜600	2号に準じるもの	16以上	180°	D16以下 公称直径の1.5倍
			14A号に準じるもの	17以上		D16を超えるもの 公称直径の2倍
SD295B	295〜390	440以上	2号に準じるもの	16以上	180°	D16以下 公称直径の1.5倍
			14A号に準じるもの	17以上		D16を超えるもの 公称直径の2倍
SD345	345〜440	490以上	2号に準じるもの	18以上	180°	D16以下 公称直径の1.5倍
						D16を超えD41以下 公称直径の2倍
			14A号に準じるもの	19以上		D51公称直径の2.5倍
SD390	390〜510	560以上	2号に準じるもの	16以上	180°	公称直径の2.5倍
			14A号に準じるもの	17以上		
SD490	490〜625	620以上	2号に準じるもの	12以上	90°	D25以下 公称直径の2.5倍
			14A号に準じるもの	13以上		D25を超えるもの 公称直径の3倍

1) 異形棒鋼で,寸法が呼び名D32を超えるものについては,呼び名3を増すごとに伸び値からそれぞれ2%減じる。ただし,減じる限度は4%とする。

表 3.16 鉄筋コンクリート用棒鋼の標準長さ (JIS G 3112)　　（単位：m）

| 3.5 | 4.0 | 4.5 | 5.0 | 5.5 | 6.0 | 6.5 | 7.0 | 8.0 | 9.0 | 10.0 | 11.0 | 12.0 |

（備考）コイルの場合には,適用しない。

図 3.13 異形鉄筋

図 3.14 ねじふし異形鉄筋およびカプラー

し異形鉄筋の場合，D 57，D 64 という太径のものも使われることがある（JSCE-E 121 規格参照）．

鉄筋コンクリート用棒鋼を腐食させないために，鉄筋表面をエポキシ樹脂で塗装した鉄筋（**エポキシ樹脂塗装鉄筋**：epoxy coated bar と呼ぶ）もつくられている（JSCE-E 102 規格参照）．これは，鉄筋の表面をブラスト処理した後，粉体形エポキシ樹脂塗料を用いて，静電粉体塗装法によって塗装されたもので，その塗膜厚は 220±40 μm 程度になっており，冷間で曲げ加工をすることもできる（**図 3.15**）．

図 3.15　エポキシ樹脂塗装鉄筋の使用例

このほか，耐食性能を高めた鉄筋コンクリート用**ステンレス異形棒鋼**（JIS G 4322），あるいは鋼材製造途上に発生する再生用鋼材や，市中発生の形鋼・鋼矢板または船の外板を材料として，これを再圧延して製造する鉄筋コンクリート用**再生棒鋼**（rerolled bar）（JIS G 3117）もある．

3.3.5　PC 鋼棒，PC 鋼線，PC 鋼より線，PC 用シース

PC 鋼棒（prestressing bar）は JIS G 3109 に，PC 鋼線（prestressing wire）および PC 鋼より線（prestressing strand）は JIS G 3536 にそれぞれ規定されている．PC 鋼棒は，キルド鋼を熱間圧延し，そののちストレッチング（stretching），引抜き，熱処理のうち，いずれかの方法または，これらの組合

表 3.17　PC 鋼棒の種類（JIS G 3109）

	種　類		記　号[1]		種　類		記　号[1]
丸鋼棒	A 種	2 号	SBPR　785/1030	異形鋼棒	A 種	2 号	SBPD　785/1030
	B 種	1 号	SBPR　930/1080		B 種	1 号	SBPD　930/1080
		2 号	SBPR　930/1180			2 号	SBPD　930/1180
	C 種	1 号	SBPR　1080/1230		C 種	1 号	SBPD　1080/1230

注 1）R は丸鋼棒，D は異形鋼棒を示す．

せによって製造する．PC鋼棒の種類を**表3.17**に，その呼び名（寸法）を**表3.18**に，機械的性質を**表3.19**にそれぞれ示す．

PC鋼線およびPC鋼より線は，熱間圧延によって製造されたピアノ線材（直径5.0〜13.0 mm）を熱処理し，冷間引抜きし，より合わせたものである．そして，最終工程においては，残留ひずみ除去のため，375℃程度の温度で焼

表3.18 PC鋼棒の呼び名（JIS G 3109）

	呼　び　名						
丸鋼棒	9.2 mm 23 mm	11 mm 26 mm	13 mm (29 mm)	(15 mm) 32 mm	17 mm 36 mm	(19 mm) 40 mm	(21 mm)
異形鋼棒	D 17 mm D 32 mm	D 19 mm D 36 mm	D 20 mm	D 22 mm	D 23 mm	D 25 mm	D 26 mm

丸鋼棒は括弧を付けた以外の呼び名の使用が望ましい．

表3.19 PC鋼棒の機械的性質（JIS G 3109）

記　号		耐力 〔N/mm²〕	引張強さ 〔N/mm²〕	伸び 〔%〕	リラクセーション値〔%〕
SBPR 785/1030	SBPD 785/1030	785以上	1 030以上	5以上	4.0以下
SBPR 930/1080	SBPD 930/1080	930以上	1 080以上		
SBPR 930/1180	SBPD 930/1180	930以上	1 180以上		
SBPR 1080/1230	SBPD 1080/1230	1 080以上	1 230以上		

（備考）耐力とは，0.2％永久伸びに対する応力をいう．

表3.20 PC鋼線およびPC鋼より線の種類（JIS G 3536）

種　類			記　号	断面
PC鋼線	丸線	A種	SWPR1AN, SWPR1AL	○
		B種	SWPR1BN, SWPR1BL	○
	異形線		SWPD1N, SWPD1L	○
PC鋼より線	2本より線		SWPR2N, SWPR2L	8
	異形3本より線		SWPD3N, SWPD3L	∞
	7本より線	A種	SWPR7AN, SWPR7AL	✥
		B種	SWPR7BN, SWPR7BL	✥
	19本より線		SWPR19N, SWPR19L	✥ ✥

（備考）1. 丸線B種は，A種より引張強さが100 N/mm²高強度の種類を示す．
　　　　2. 7本より線A種は，引張強さが1 720 N/mm²級を，B種は1 860 N/mm²級を示す．
　　　　3. リラクセーション規格値によって，通常品はN，低リラクセーション品はLを記号の末尾に付ける．
　　　　4. 19本より線のうち28.6 mmだけ断面はシール形とウォーリントン形とし，それ以外の19本より線の断面はシール形だけとする．

きなます（これを，**ブルーイング**：blueing という）。PC 鋼線，PC 鋼より線の種類を**表 3.20** に，その公称断面積を**付表 10** に，機械的性質を**表 3.21** にそれぞれ示す。PC 鋼材を腐食させないため，表面をエポキシ樹脂で塗装したものもある。ただし，これらについては未だ規格がないため，塗膜厚さ等を十分吟味し，耐食性が確認された物を用いる必要がある。

表 3.21 PC 鋼線および PC 鋼より線の機械的性質（JIS G 3536）

記号	呼び名	0.2%永久伸びに対する荷重〔kN〕	引張荷重〔kN〕	伸び〔%〕	リラクセーション値〔%〕 N	L
SWPR1AN SWPR1AL SWPD1N SWPD1L	2.9 mm	11.3 以上	12.7 以上	3.5 以上	8.0 以下	2.5 以下
	4 mm	18.6 以上	21.1 以上	3.5 以上	8.0 以下	2.5 以下
	5 mm	27.9 以上	31.9 以上	4.0 以上	8.0 以下	2.5 以下
	6 mm	38.7 以上	44.1 以上	4.0 以上	8.0 以下	2.5 以下
	7 mm	51.0 以上	58.3 以上	4.5 以上	8.0 以下	2.5 以下
	8 mm	64.2 以上	74.0 以上	4.5 以上	8.0 以下	2.5 以下
	9 mm	78.0 以上	90.2 以上	4.5 以上	8.0 以下	2.5 以下
SWPR1BN SWPR1BL	5 mm	29.9 以上	33.8 以上	4.0 以上	8.0 以下	2.5 以下
	7 mm	54.9 以上	62.3 以上	4.5 以上	8.0 以下	2.5 以下
	8 mm	69.1 以上	78.9 以上	4.5 以上	8.0 以下	2.5 以下
SWPR2N SWPR2L	2.9 mm 2 本より	22.6 以上	25.5 以上	3.5 以上	8.0 以下	2.5 以下
SWPD3N SWPD3L	2.9 mm 3 本より	33.8 以上	38.2 以上	3.5 以上	8.0 以下	2.5 以下
SWPR7AN SWPR7AL	7 本より 9.3 mm	75.5 以上	88.8 以上	3.5 以上	8.0 以下	2.5 以下
	7 本より 10.8 mm	102 以上	120 以上	3.5 以上	8.0 以下	2.5 以下
	7 本より 12.4 mm	136 以上	160 以上	3.5 以上	8.0 以下	2.5 以下
	7 本より 15.2 mm	204 以上	240 以上	3.5 以上	8.0 以下	2.5 以下
SWPR7BN SWPR7BL	7 本より 9.5 mm	86.8 以上	102 以上	3.5 以上	8.0 以下	2.5 以下
	7 本より 11.1 mm	118 以上	138 以上	3.5 以上	8.0 以下	2.5 以下
	7 本より 12.7 mm	156 以上	183 以上	3.5 以上	8.0 以下	2.5 以下
	7 本より 15.2 mm	222 以上	261 以上	3.5 以上	8.0 以下	2.5 以下
SWPR19N SWPR19L	19 本より 17.8 mm	330 以上	387 以上	3.5 以上	8.0 以下	2.5 以下
	19 本より 19.3 mm	387 以上	451 以上	3.5 以上	8.0 以下	2.5 以下
	19 本より 20.3 mm	422 以上	495 以上	3.5 以上	8.0 以下	2.5 以下
	19 本より 21.8 mm	495 以上	573 以上	3.5 以上	8.0 以下	2.5 以下
	19 本より 28.6 mm	807 以上	949 以上	3.5 以上	8.0 以下	2.5 以下

PC 用シース (sheath) は，仮設用鋼材であるが，つねに PC 鋼材と一緒に用いられ，構造物の設計時にもその種類や断面寸法を決めなければならない。

ポストテンションの PC 部材に使用するシースとしては，普通の鋼管が用いられることもあるが，一般には**図 3.16** に一例を示すように，厚さ 0.23～0.60 mm の鋼帯をスパイラル状に巻いてつくったひだ付きの特別の管が用いられる。この管には，ひだが付いているので，コンクリートとの付着もよく，軽いわりには強く，また簡単に曲げることができるので所定の形に配置することも容易である。

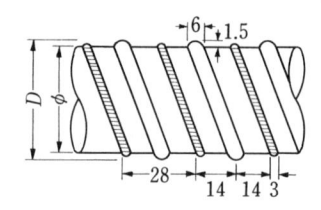

図 3.16　PC 用シースの一例

一般に使用されるシースの内径には，20，23，26，28，30，32，35，38，40，42，45，50，52，55，58，60，62，65，70，72，75，80，82，85，90，95，100，105，110，115，120，125，130〔mm〕のものがあり，外径は内径より 2.5～5 mm 程度大きくなっている。

また，普通のシースのほかに，シースのジョイント用シースや，PC 鋼棒の定着具やカプラー部分に用いるシースもある。

なお，PC 用シースについても最近では耐食性に優れたプラスチックシース（8.1〔2〕(e) 参照）が用いられることがある。

3.3.6　鋼　ぐ　い

鋼ぐい (steel pile) には，H 形鋼ぐい (JIS A 5526) と鋼管ぐい (JIS A 5525) の 2 種類がある。

H 形鋼ぐいは，H 形鋼と同様，熱間圧延によってつくられる。その化学成分および機械的性質を**表 3.22** に，形状寸法を**付表 11** にそれぞれ示す。

鋼管ぐいは，**図 3.17** に示すように単管のまま，または単管のいくつかの組合せで用いられる。そして，それぞれの単管は，素管のまま，またはいくつか

3.3 鋼材の種類と性質　131

表 3.22　H形鋼ぐいの化学成分および機械的性質（JIS A 5526）

種類の記号	化　学　成　分〔％〕					厚さ[1)]〔mm〕	降伏点または耐力〔N/mm²〕	引張強さ〔N/mm²〕	伸び〔％〕	引　張試験片
	C	Si	Mn	P	S					
SHK400	0.25以下	—	—	0.040以下	0.040以下	16以下	245以上	400〜510	18以上	1A号
						16を超え50以下	235以上		21以上	1A号
						40を超えるもの			23以上	4号
SHK490M	0.18以下	0.55以下	1.50以下	0.040以下	0.040以下	16以下	325以上	490〜610	18以上	1A号
						16を超え50以下	315以上		21以上	1A号
						40を超えるもの			23以上	4号

1) ここでいう厚さは，付表11に示す t_2 をいう。
（備考）　必要に応じて表記以外の合金元素を添加してもよい。
　　　　　1 N/mm² = 1 MPa

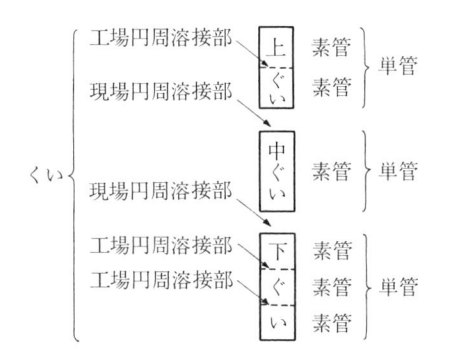

図 3.17　鋼管ぐいの構成および各部の呼び名
（JIS A 5525）

表 3.23　鋼管ぐいの機械的性質（JIS A 5525）

機械的性質	引張強さ〔N/mm²〕	降伏点または耐力〔N/mm²〕	伸　び5号試験片横方向〔％〕	溶接部引張強さ〔N/mm²〕	へん平性平板間の距離（H）（Dは管の直径）
SKK400	400以上	235以上	18以上	400以上	$\frac{2}{3}D$
SKK490	490以上	315以上	18以上	490以上	$\frac{7}{8}D$

（備考）　1 N/mm² = 1 MPa

の素管を工場で円周溶接によって継ぎ合わせたものである。素管は，鋼帯または鋼板を管状に冷間加工し，アーク溶接または電気抵抗溶接によって製造した管である。現場で連結する単管は，上側を上ぐい，中側を中ぐい，下側を下ぐ

いという．中ぐいが2本以上になる場合は，下側から中1ぐい，中2ぐいという．鋼管ぐいの機械的性質を**表3.23**に，単管の寸法を**付表12**にそれぞれ示す．

3.3.7 鋼　矢　板

鋼矢板（steel sheet-pile）には，熱間圧延鋼矢板（JIS A 5528）と鋼管矢板（JIS A 5530）の2種類がある．

熱間圧延鋼矢板の化学成分および機械的性質を**表3.24**に示す．なお，化学成分中でCuを多くすると耐食性が上がるといわれているが，現在の規定にはない．熱間圧延鋼矢板の種類を**図3.18**に示すが，鋼矢板の継手は，打込みの際に十分にかみ合い，引抜く際には容易に離脱できる形状とし，なるべく水密

表3.24　熱間圧延鋼矢板の化学成分および機械的性質（JIS A 5528）

種類の記号	化 学 成 分〔%〕		引張強さ〔N/mm²〕	降伏点〔N/mm²〕	伸 び〔%〕
	P	S			1A号試験片
SY295	0.040以下	0.040以下	450以上	295以上	18以上
SY390	0.040以下	0.040以下	490以上	390以上	16以上

（備考）1. 化学成分は，とりべ分析値とする．
　　　　2. 必要に応じて上表以外の合金元素を添加することができる．

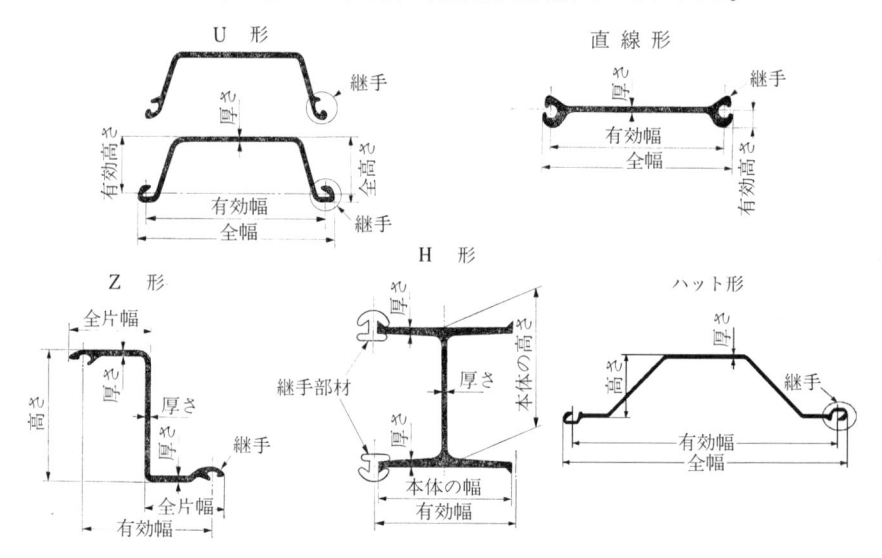

図3.18　鋼矢板の種類および各部の呼び名（JIS A 5528）

図 3.19 鋼矢板の使用例

性が得られる構造でなければならない（**図 3.19**）。

鋼管矢板の構成は，鋼管本体に継手を取り付けたもので，各部の呼び名は**図 3.20**のとおりである。鋼管矢板の化学成分および機械的性質は，鋼管ぐいと同じである。鋼管本体の寸法は，外径 500 mm から 1 524.0 mm まであり，このうち外径 500 mm から 1 422.4 mm までのものは，鋼管ぐいとまったく同じである。外径 1 500 mm と 1 524.0 mm については，鋼管ぐいの中の板厚 52 mm がなくて，14 mm が加わっている。

(a) 鋼管本体の構成および各部の呼び名
(b) 鋼管矢板の構成および各部の呼び名
(c) 現場で連結する鋼管矢板の構成および各部の呼び名

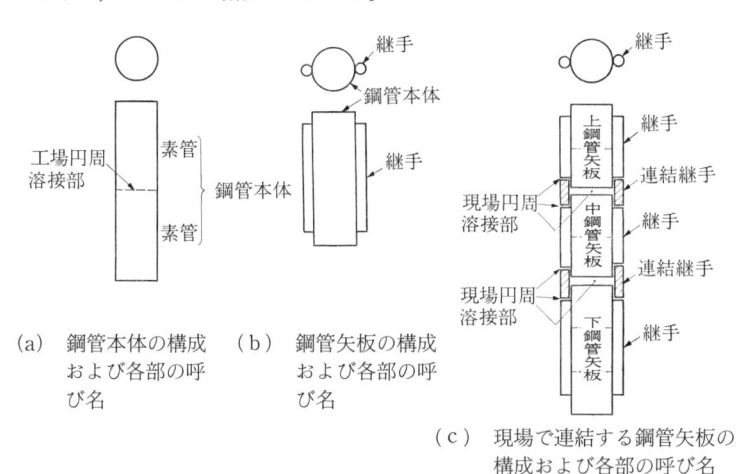

図 3.20 鋼管矢板の構成（JIS A 5530）

3.3.8 その他の鋼材

〔1〕 **摩擦接合用高力ボルト**　摩擦接合用高力ボルト（high‐tensile bolt），六角ナット（nut），平座金（washer）のセットについては，JIS B

1186 に定められている（**図 3.21**）。セットの種類は，**表 3.25** に示すように，セットを構成する部品の機械的性質によって，1種と2種に分かれ，さらにトルク係数値によってそれぞれ A と B に分かれている。

図 3.21 摩擦接合用高力ボルト

表 3.25 摩擦接合用高力ボルトのセット（JIS B 1186）

セットの種類		適用する構成部品の機械的性質による等級		
機械的性質による種類	トルク係数値による種類	ボルト	ナット	座金
1 種	A	F 8 T	F 10	F 35
	B			
2 種	A	F 10 T	F 10	
	B			

表 3.26 高力ボルト製品の機械的性質（JIS B 1186）

ボルトの機械的性質による等級	引張荷重（最小）[kN]							硬　さ
	ねじの呼び							
	M 12	M 16	M 20	M 22	M 24	M 27	M 30	
F 8 T	68	126	196	243	283	368	449	18〜31 HRC
F 10 T	85	157	245	303	353	459	561	27〜38 HRC

表 3.27 セットのトルク係数値（JIS B 1186）

区　　分	トルク係数値によるセットの種類	
	A	B
1セットロットのトルク係数値の平均値	0.110〜0.150	0.150〜0.190
1セットロットのトルク係数値の標準偏差	0.010 以下	0.013 以下

ただし，$\kappa = \dfrac{T}{d \times N} \times 1\,000$

ここに κ：トルク係数値，T：トルク（ナットを締め付けるモーメント）[N・m]
　　　　d：ボルトのねじ外径の基準寸法[mm]，N：ボルト軸力[N]

3.3 鋼材の種類と性質

ボルト製品の機械的性質を**表3.26**に，セットのトルク係数値を**表3.27**に示す。また，ボルト，ナットおよび座金の形状寸法を**付表13〜15**に示す。摩擦接合用高力ボルトは，**ハイテンボルト**（HTボルト）とも呼ばれる。

〔2〕 **リベット** リベット（rivet）は，リベット用丸鋼によって製造す

表3.28 リベット用丸鋼の種類および機械的性質

種類の記号	引張強さ $[N/mm^2]$	引張試験片	伸び $[\%]$	曲げ性		
				曲げ角度	内側半径	試験片
SV 330	330〜400	2 号	27 以上	180°	密 着	2 号
		14 A 号	32 以上			
SV 400	400〜490	2 号	25 以上	180°	密 着	2 号
		14 A 号	28 以上			

表3.29 機械構造用炭素鋼鋼材の種類および化学成分（JIS G 4051）

種類の記号	化学成分 $[\%]$				
	C	Si	Mn	P	S
S 10 C	0.08〜0.13	0.15〜0.35	0.30〜0.60	0.030 以下	0.035 以下
S 12 C	0.10〜0.15	0.15〜0.35	0.30〜0.60	0.030 以下	0.035 以下
S 15 C	0.13〜0.18	0.15〜0.35	0.30〜0.60	0.030 以下	0.035 以下
S 17 C	0.15〜0.20	0.15〜0.35	0.30〜0.60	0.030 以下	0.035 以下
S 20 C	0.18〜0.23	0.15〜0.35	0.30〜0.60	0.030 以下	0.035 以下
S 22 C	0.20〜0.25	0.15〜0.35	0.30〜0.60	0.030 以下	0.035 以下
S 25 C	0.22〜0.28	0.15〜0.35	0.30〜0.60	0.030 以下	0.035 以下
S 28 C	0.25〜0.31	0.15〜0.35	0.60〜0.90	0.030 以下	0.035 以下
S 30 C	0.27〜0.33	0.15〜0.35	0.60〜0.90	0.030 以下	0.035 以下
S 33 C	0.30〜0.36	0.15〜0.35	0.60〜0.90	0.030 以下	0.035 以下
S 35 C	0.32〜0.38	0.15〜0.35	0.60〜0.90	0.030 以下	0.035 以下
S 38 C	0.35〜0.41	0.15〜0.35	0.60〜0.90	0.030 以下	0.035 以下
S 40 C	0.37〜0.43	0.15〜0.35	0.60〜0.90	0.030 以下	0.035 以下
S 43 C	0.40〜0.46	0.15〜0.35	0.60〜0.90	0.030 以下	0.035 以下
S 45 C	0.42〜0.48	0.15〜0.35	0.60〜0.90	0.030 以下	0.035 以下
S 48 C	0.45〜0.51	0.15〜0.35	0.60〜0.90	0.030 以下	0.035 以下
S 50 C	0.47〜0.53	0.15〜0.35	0.60〜0.90	0.030 以下	0.035 以下
S 53 C	0.50〜0.56	0.15〜0.35	0.60〜0.90	0.030 以下	0.035 以下
S 55 C	0.52〜0.58	0.15〜0.35	0.60〜0.90	0.030 以下	0.035 以下
S 58 C	0.55〜0.61	0.15〜0.35	0.60〜0.90	0.030 以下	0.035 以下
S 09 CK	0.07〜0.12	0.10〜0.45	0.30〜0.60	0.025 以下	0.025 以下
S 15 CK	0.13〜0.18	0.15〜0.35	0.30〜0.60	0.025 以下	0.025 以下
S 20 CK	0.18〜0.23	0.15〜0.35	0.30〜0.60	0.025 以下	0.025 以下

る。リベット用丸鋼は熱間圧延によって製造される。その種類および機械的性質を**表3.28**に示す。ただし，最近はリベットはあまり使われていない。

〔3〕 **機械構造用炭素鋼鋼材** 機械構造用炭素鋼鋼材は，キルド鋼塊から熱間圧延，熱間鍛造など，熱間加工によってつくられ，通常の場合さらに，鍛造，切削などの加工によって製品がつくられ，熱処理を施して使用される。種類および化学成分を**表3.29**に示す。

〔4〕 **鋳鋼** 鋳鋼（cast steel）は，電気炉等で溶融した鋼を，鋳型に流し込んで製品をつくる。一般にはその後炉内で各部一様に加熱し，焼なまし，焼ならし，または，焼ならし，焼戻しのいずれかの熱処理を施す。

炭素鋼鋳鋼品（JIS G 5101）の種類および機械的性質を**表3.30**に示す。

このほか，特に溶接性に優れた鋳鋼品として，溶接構造用鋳鋼品（JIS G 5102）がある。その種類および機械的性質を**表3.31**に示す。

表3.30 炭素鋼鋳鋼品の種類および機械的性質（JIS G 5101）

種類の記号	引張試験			
	降伏点 〔N/mm²〕	引張強さ 〔N/mm²〕	伸び 〔%〕	絞り 〔%〕
SC360	175 以上	360 以上	23 以上	35 以上
SC410	205 以上	410 以上	21 以上	35 以上
SC450	225 以上	450 以上	19 以上	30 以上
SC480	245 以上	480 以上	17 以上	25 以上

表3.31 溶接構造用鋳鋼品の種類および機械的性質（JIS G 5102）

種類の記号	引張試験			衝撃試験	
	降伏点 〔N/mm²〕	引張強さ 〔N/mm²〕	伸び 〔%〕	試験温度 〔℃〕	シャルピー吸収エネルギー〔J〕 3個の平均値
SCW410	235 以上	410 以上	21 以上	0	27 以上
SCW450	255 以上	450 以上	20 以上	0	27 以上
SCW480	275 以上	480 以上	20 以上	0	27 以上
SCW550	355 以上	550 以上	18 以上	0	27 以上
SCW620	430 以上	620 以上	17 以上	0	27 以上

〔5〕 **鋳鉄** 鋳鉄（cast iron）品は，一般にキュポラ（溶銑炉），こしき（小型のキュポラ），反射炉，電気炉，るつぼ炉（金属を入れたるつぼを炉

中に入れ，加熱することによって中の金属を溶解する），その他適当な溶解炉によって材料を溶解し，鋳型に流し込んでつくる。その後，鋳造応力を除くため，焼なましを施すこともある。一般に使われる鋳鉄は，破面がねずみ色をしているため，ねずみ鋳鉄品（JIS G 5501）と呼ばれる。ねずみ鋳鉄品の種類および機械的性質は，表 3.32 に示す。鋳鉄は，鋼材と比べて耐食性に優れているという特徴がある。

表 3.32 ねずみ鋳鉄品の種類および機械的性質（JIS G 5501）

種類の記号	引張強さ〔N/mm²〕	硬さ〔HB〕
FC100	100 以上	201 以下
FC150	150 以上	212 以下
FC200	200 以上	223 以下
FC250	250 以上	241 以下
FC300	300 以上	262 以下
FC350	350 以上	277 以下

3.3.9 鋼材の記号

鉄鋼の記号は，材料への核印，設計図面などに広く用いられるが，JIS の記号は，原則としてつぎの三つの部分からなっている。

① 最初の部分は，材質を表す。
② つぎの部分は，規格名または製品名を表す。
③ 最後の部分は，種類を表す。

〔例〕 $\underset{①②③}{\text{S S 400}}$ $\underset{①②③}{\text{S M 400 A}}$

①は，英語またはローマ字の頭文字，あるいは化学元素記号を用いて，材質を表している。

例： S：鋼　　F：鉄

②は，英語またはローマ字の頭文字を使って，板，棒，管，線，鋳造品などの製品の形状別の種類や用途を表した記号を組み合わせて，製品名を表している。

〔例〕　C：鋳造品　　　　　CA：構造用合金鋼鋳造品

CD：球状黒鉛鋳造品　　　CM：クロムモリブデン鋼
　F：鍛造品　　　　　　 GP：ガス管
　M：溶接構造用圧延材　 MA：溶接構造用耐候性熱間圧延材
 NC：ニッケルクロム鋼   NCM：ニッケルクロモリブデン鋼
　S：一般構造用圧延材　 SD：異形丸鋼
　T：管　　　　　　　　 TK：構造用炭素鋼鋼管
 US：ステンレス鋼　　　　V：リベット用圧延材
WRS：ピアノ線材　　　　WRH：硬鋼線材
 WP：ピアノ線

③は，材料の種類，番号の数字，最低引張強度，耐力等を表している。

〔例〕　1：1種　　　　A：A種またはA号
　　　2A：2種Aグレード　400：引張強度 400 N/mm²

これらによる組合せ例としては
　　SM 400 A……S：鋼材，M：溶接構造用圧延材，400：引張強度 400 N/mm²，
　　　　　　　　A：A種
　　SV 330……S：鋼材，V：リベット用圧延材，330：引張強度 330 N/mm²

以上のような表し方には例外も多く，例えば，よく使われる鋼材である機械構造用炭素鋼鋼材では，S××Cで表し，××は炭素量を示している。

第4章 歴青材料

4.1 一　　般

　歴青 (bitumen) とは，天然に存在する鉱物，または暗色から黒色の熱分解生成物で，主成分は炭素と水素，それにごく少量の酸素，窒素，硫黄を含み，二硫化炭素 (CS_2) に完全に溶解する物質である。また，その代表的なものは，**アスファルト** (asphalt) と**タール** (tar) である。

　アスファルトは，炭化水素を主成分とする褐色か黒色の，固くてもろいかまたは塑性を有する歴青質の物質であり，天然には死海やトリニダード (Trinidad) 地方の石油含有岩石中に形成されている (**天然アスファルト**)。また，一般には，石油の原油を蒸留した残り物として得られ (**石油アスファルト**：petroleum asphalt)，わが国で使用されるアスファルトの大部分は，石油アスファルトである。

　タールは，石油の熱分解 (**オイルガスタール**：oil gas tar)，または石炭の乾留 (**コールタール**：coal tar) によって得られる複雑で高分子量の成分からなる粘性の物質であるが，わが国では，その使用量はごく少ない。

　すなわち，歴青材料として一般に使用されるものは，大部分が石油アスファルトである。

4.2 アスファルトの種類と性質

4.2.1 分　　　類

石油アスファルトを製法から分類すると，つぎのようになる。

ⅰ）ストレートアスファルト（straight-run asphalt cement）　原油を蒸留した残り。

ⅱ）ブローンアスファルト（blown asphalt）　ストレートアスファルトに230〜270℃の高温で空気を吹き込んで炭化水素に重・縮合反応を起こさせ，硬くしたもの。

ⅲ）アスファルト乳剤（asphalt emulsion）　比較的軟質なストレートアスファルトを乳化剤と安定剤とを加えて水中に分散させたもの。

ⅳ）カットバックアスファルト（cut-back asphalt）　ストレートアスファルトに溶剤として揮発性の灯油あるいはガソリンを加えて，液体状としたもの。

一方，JIS（JIS K 2207，石油アスファルト）では，これをつぎのように分類している。

ⅰ）ストレートアスファルト　原油を常圧・減圧蒸留装置などにかけて得られる残留歴青物質。

ⅱ）ブローンアスファルト　ストレートアスファルトを加熱し，十分に空気を吹き込んで酸化重合したもの。

ⅲ）防水工事用アスファルト　防水層として必要な性能に改善したアスファルト。

4.2.2 アスファルトの性質を表す用語

（a）針入度　アスファルトの硬さを表すもので，試験条件（一般には，質量100 g，試験温度25℃，貫入時間5 s）のもとで，規定の針が試験中に垂直に進入した長さで表す。単位は0.1 mmを1とする（主として，アスファルトの分類に利用される）。

（b）軟化点　アスファルトの軟化する温度を表すもので，試料を試験条

件のもとで加熱したとき，試料が規定距離まで垂れ下がる際の温度。

（c）**伸　度**　アスファルトの延性を表すもので，規定の形にした試料の両端を，試験温度（15℃または25℃），試験速度で引っ張ったとき，試料が切れるまでに伸びた距離。単位 cm で表す（骨材に対する接着の良否，舗装のたわみやすさ等の目安になる）。

（d）**トルエン可溶分**　アスファルトの純度を表すもので，試料をトルエンに溶かし，フィルタでろ過して不溶分を取り除いたもの。百分率で表す。

（e）**引火点**　試験条件で試料を加熱し，これに炎を近づけたとき，空気とまざった油蒸気の引火する温度（アスファルトを安全に加熱できる温度の限界を知る）。

（f）**薄膜加熱質量変化率および薄膜加熱後の針入度残留率**　アスファルトの薄膜状での加熱による劣化傾向を評価するもので，試料を試験条件のもとで加熱し，加熱前後の質量の変化および針入度を求め，加熱前の値に対する百分率で表す（空気に触れる機会を多くするため薄膜にする）。

（g）**蒸発質量変化率**　アスファルトの加熱貯蔵における安定性を表すもので，試料を試験条件のもとで加熱し，加熱前後の質量の変化を百分率で表す。

（h）**蒸発後の針入度比**　加熱貯蔵中の軽質分と重質分の分離の傾向を評価するもので，試験条件のもとで加熱した試料についてかき混ぜないものと，かき混ぜたものの針入度の比を求め，百分率で表す。

（i）**フラース脆化点**　アスファルトの低温における可とう性を表すもので，鋼板上のアスファルトの薄膜が規定の条件で冷やされ，かつ曲げられたとき，アスファルトの薄膜が，脆化して亀裂を生じる最初の温度（冬期のアスファルト舗装のひび割れ破壊に対する目安）。

（j）**だれ長さ**　アスファルトの高温流動抵抗を表すもので，規定の形状の型枠に流し込んだ試料を試験条件のもとで，垂直に懸垂したとき試料がだれる長さ。単位 mm で表す。

（k）**加熱安定性**　アスファルトの加熱溶融時における熱安定性を表すも

ので，試料を規定の条件で加熱し，その加熱前後のフラース脆化点の差で表す。

（l） **感温性**　温度の高低によってアスファルトの硬さ，粘度などが変化する性質。

（m） **針入度指数（PI）**　感温性を表す指数で，試料の針入度と軟化点の関係から求める。PI が小さいことは，感温性が大きいことを表し，PI が大きいことは，感温性が小さいことを表す。

（n） **セイボルトフロール秒**　アスファルトの規定の各温度における，相対的な粘性を表すもので，規定量の試料が試験器の細孔を流下するのに要する時間。単位 s で表す（最適な施工温度を知る）。

（o） **動粘度**　粘度を，その液体の同一状態（温度，圧力）における密度で除した商。単位はストークス〔St〕{cm^2/s}，または，センチストークス〔cSt〕{mm^2/s} で表す。

4.2.3　ストレートアスファルトおよびブローンアスファルト

ストレートアスファルトは，温度によって性質が大きく変わり，日光や，わずかの熱で流動状態になる。低温では，固くもろくなる。接着力や浸透力は大きい。

ブローンアスファルトは，可塑性をもつ半固体で，衝撃抵抗力は強いが，接着力や抗張力は小さく，摩耗に対しても弱い。耐熱性は大きい。

表4.1　ストレートアスファルトおよびブローンアスファルトの種類（JIS K 2207）

種類		針入度(25℃)	1/10 mm	種類		針入度(25℃)	1/10 mm
ストレートアスファルト	0〜10	0 以上	10 以下	アスファルトブローン	0〜5	0 以上	5 以下
	10〜20	10 を超え	20 以下		5〜10	5 を超え	10 以下
	20〜40	20 を超え	40 以下		10〜20	10 を超え	20 以下
	40〜60	40 を超え	60 以下		20〜30	20 を超え	30 以下
	60〜80	60 を超え	80 以下		30〜40	30 を超え	40 以下
	80〜100	80 を超え	100 以下				
	100〜120	100 を超え	120 以下				
	120〜150	120 を超え	150 以下				
	150〜200	150 を超え	200 以下				
	200〜300	200 を超え	300 以下				

4.2 アスファルトの種類と性質

JISでは，ストレートアスファルトおよびブローンアスファルトは，針入度によって表4.1のように分類されている。表4.2にそれらの品質の規定を示す。

表4.2 ストレートアスファルトおよびブローンアスファルトの品質規定（JIS K 2207）

種類	項目	針入度(25℃)1/10mm	軟化点〔℃〕	伸度(15℃)〔cm〕	伸度(25℃)〔cm〕	トルエン可溶分〔%〕	引火点〔℃〕	薄膜加熱 質量変化率〔%〕	薄膜加熱 針入度変化率〔%〕	蒸発 質量変化率〔%〕	蒸発 後の針入度比〔%〕	針入度指数	密度(15℃)〔g/cm²〕
ストレートアスファルト	0～10	0以上10以下	55.0以上	—	—								
	10～20	10を超え20以下		—	5以上					0.3以下			
	20～40	20を超え40以下	50.0～65.0		50以上								
	40～60	40を超え60以下	47.0～55.0	10以上	—		260以上		58以上				
	60～80	60を超え80以下	44.0～52.0			99.0以上		0.6以下	55以上		110以下		1 000以上
	80～100	80を超え100以下	40.0～50.0						50以上				
	100～120	100を超え120以下	42.0～50.0	100以上					50以上				
	120～150	120を超え150以下	38.0～48.0				240以上			0.5以下			
	150～200	150を超え200以下	30.0～45.0							1.0以下			
	200～320	200を超え300以下					210以上						
ブローンアスファルト	0～5	0以上5以下	130.5以上	—		0以上						3.0以上	—
	5～10	5を超え10以下	110.0以上									3.5以上	
	10～20	10を超え20以下	90.0以上		—	1以上	98.5以上	210以上			0.5以下	2.5以上	
	20～30	20を超え30以下	80.0以上			2以上							
	30～40	30を超え40以下	65.0以上			3以上						1.0以上	

（備考）ストレートアスファルトの種類40～60，60～80，80～100については120℃，140℃，160℃，180℃のそれぞれにおける動粘度試験表に付記しなければならない。

石油アスファルトは，原油を蒸留した残りであるため，その化学的組成は，その原油の種類によって大きく異なる。したがって，JISでは化学組成は規定されていない。

ストレートアスファルトの約90％は，道路の舗装用に使われている。そのうち，加熱混合用は針入度40〜120の物が，アスファルト乳剤用としては，針入度80〜300の物が使われる。目地材としては，針入度20〜80程度の物が使われる。ブローンアスファルト用としては，ストレートアスファルトの5％程度が使われる。ブローンアスファルトの用途としては，目地材として針入度20〜40の物が，防水用として針入度10〜40の物が使われる。

4.2.4 防水工事用アスファルト

防水工事用アスファルトは，表4.3のように分類されている。表4.4にその品質規定を示す。

表4.3 防水工事用アスファルトの種類（JIS K 2207）

種類		用途
防水工事用アスファルト	1種	工期中およびその後にわたって適度な温度条件における室内および地下構造部分に用いるもの。感温性は普通で，比較的軟質のもの。
	2種	一般地域のゆるいこう配の歩行用屋根に用いるもの。感温性が比較的小さいもの。
	3種	一般地域の露出屋根または気温の比較的高い地域の屋根に用いるもの。感温性が小さいもの。
	4種	一般地域のほか，寒冷地域における屋根その他の部分に用いるもの。感温性が特に小さく，比較的軟質のもの。

表4.4 防水工事用アスファルトの品質規定（JIS K 2207）

種類	項目	軟化点 〔℃〕	針入度(25℃) 1/10mm	針入度指数	蒸発質量変化率〔％〕	引火点〔℃〕	トルエン可溶分〔％〕	フラース脆化点〔℃〕	だれ長さ〔mm〕	加熱安定性(フラース脆化点差)〔℃〕
防水工事用アスファルト	1種	85以上	25以上 45以下	3.5以上	1以下	250以上	98以上	−5以下	—	5以下
	2種	90以上	20以上 40以下	4.0以上	1以下	270以上	98以上	−10以下	—	
	3種	100以上	20以上 40以下	5.0以上	1以下	280以上	95以上	−15以下	8以下	
	4種	95以上	30以上 50以下	6.0以上	1以下	280以上	92以上	−20以下	8以下	

4.2.5 アスファルト乳剤

アスファルト乳剤は，粘性の少ない液体であるが，施工後水分が蒸発すると元のアスファルトになる。したがって，アスファルトを使用する場合，そのつど加熱溶融することがたいへん不便で，かつ不経済となる場合であっても，アスファルト乳剤を用いると簡単に施工ができるので便利である。

石油アスファルト乳剤は，主として道路舗装，護岸防水，法面保護などに用いられる。石油アスファルト乳剤の種類を**表 4.5**に，品質を**表 4.6**にそれぞれ示す。なお，アスファルト乳剤に関するおもな用語は，つぎのとおりである。

表 4.5 石油アスファルト乳剤の種類（JIS K 2208）

種類			記号	用途
カチオン乳剤	浸透用	1号	PK-1	温暖期浸透用および表面処理用
		2号	PK-2	寒冷期浸透用および表面処理用
		3号	PK-3	プライムコート用およびセメント安定処理層養生用
		4号	PK-4	タックコート用
	混合用	1号	MK-1	粗粒度骨材混合用
		2号	MK-2	密粒度骨材混合用
		3号	MK-3	土混り骨材混合用
ノニオン乳剤	混合用	1号	MN-1	セメント・アスファルト乳剤安定処理混合用

（備考） P：浸透用乳剤（penetrating emulsion）
M：混合用乳剤（mixing emulsion）
K：カチオン乳剤（kationic emulsion）
N：ノニオン乳剤（nonionic emulsion）

（a） 石油アスファルト乳剤 乳化剤と安定剤とを含む水中に，JIS K 2207（石油アスファルト）に規定するストレートアスファルト（以下，アスファルトという）を，微粒子（1〜3 μm 程度）にして分散させた褐色の液体で，カチオン系石油アスファルト乳剤（以下，カチオン乳剤：kationic emulsion

表4.6 石油アスファルト乳剤の品質 (JIS K 2208)

種類および記号	カチオン乳剤							ノニオン乳剤
項目	PK-1	PK-2	PK-3	PK-4	MK-1	MK-2	MK-3	MN-1
エングラー度(25℃)	3~15	3~15	1~6	1~6	3~40	3~40	3~40	2~30
ふるい残留分(1.18mm)[質量%]	0.3以下	0.3以下	0.3以下	0.3以下	0.3以下	0.3以下	0.3以下	0.3以下
付着度	$\frac{2}{3}$以上	$\frac{2}{3}$以上	$\frac{2}{3}$以上	$\frac{2}{3}$以上	—	—	—	—
粗粒度骨材混合性	—	—	—	—	均等であること	—	—	—
密粒度骨材混合性	—	—	—	—	—	均等であること	—	—
土混り骨材混合性[質量%]	—	—	—	—	—	—	5以下	—
セメント混合性[質量%]	—	—	—	—	—	—	—	1.0以下
粒子の電荷	陽(+)	陽(+)	陽(+)	陽(+)	陽(+)	陽(+)	陽(+)	—
蒸発残留分[質量%]	60以上	60以上	50以上	50以上	57以上	57以上	57以上	57以上
針入度(25℃) $\frac{1}{10}$ [mm]	100を超え200以下	150を超え300以下	100を超え300以下	60を超え150以下	60を超え200以下	60を超え200以下	60を超え300以下	60を超え300以下
トルエン可溶分[質量%]	98以上	98以上	98以上	98以上	97以上	97以上	—	97以上
貯蔵安定度(24hr)[質量%]	1以下	1以下	1以下	1以下	1以下	1以下	1以下	1以下
凍結安定度(-5℃)	—	粗粒子,塊がないこと	—	—	—	—	—	—

という），アニオン系石油アスファルト乳剤（以下，アニオン乳剤：anionic emulsion という）およびノニオン系石油アスファルト乳剤（以下，ノニオン乳剤：nonionic emulsion という）がある。このうち，舗装用としては，カチオン乳剤およびノニオン乳剤が使用される。

（b）**カチオン乳剤** 乳化剤，安定剤として用いる脂肪ジアミン塩，第4級アンモニウム塩などの界面活性剤を含む水中にアスファルトを分散させたもので，アスファルト粒子の表面が陽（＋）の電荷をもち，一般に酸性を呈する液体。

（c）**アニオン乳剤** 乳化剤，安定剤として用いる石けん，アルキルスルホン酸塩などの界面活性剤を含む水中にアスファルトを分散させたもので，アスファルト粒子の表面が陰（－）の電荷をもち，一般にアルカリ性を呈する液体。

（d）**ノニオン乳剤** 乳化剤，安定剤として用いるポリオキシエチレンアルキルフェノールエーテルなどの界面活性剤を含む水中にアスファルトを分散させたもので，アスファルト粒子の表面は陽（＋），陰（－）のいずれの電荷ももたなく，一般に弱酸性を呈する液体。

（e）**エングラー度** 乳剤の粘性を表すもので，試験温度において規定量の試料が試験器の細孔を流下するのに要する時間と，同温度・同量の蒸留水が試験器の細孔を流下するのに要する時間との比（散布または混合されるときに必要な粘性を有するかどうかを確かめる）。

（f）**セイボルトフロール秒** 乳剤の粘性を表すもので，試験温度において規定量の試料が試験器の細孔を流下するのに要する時間。単位 s で表す。ただし，エングラー度が 15 以上のものについてだけ行う。

（g）**ふるい残留分** 乳剤中にアスファルトの粗粒子または塊を生じているかどうかを判定するもので，規定のふるいに試料を注ぎ，水洗後ふるい残留物を乾燥ひょう量して残留物の試料に対する百分率〔％〕で表す。

（h）**付着度** 骨材に対するアスファルト被膜の付着の良否を表すもので，規定の砕石 1 個を試料中に 1 分間浸して室温に 20 分間放置した後水洗し

て，付着被膜の残存状態を調べ，付着面積を比率で表す。ただしカチオン乳剤だけに適用する。

（i）**骨材被膜度**　骨材に対するアスファルト被膜の付着の良否を表すもので，試験の砕石の規定量を試料中に1分間浸して室温に24時間放置し，さらに試験温度に保った水中に5分間浸して，付着被膜の残存状態を調べ，付着面積を比率で表す。ただしアニオン乳剤だけに適用する。

（j）**粗粒度骨材混合性**　規定の粗粒度骨材と乳剤の混合の均一性の良否を表すもので，試験条件で砕石，粗目砂，水および試料を混合したときの均一性を調べる。

（k）**密粒度骨材混合性**　規定の密粒度骨材と乳剤の混合の均一性の良否を表すもので，試験条件で砕石，細目砂，石灰石粉，水および試料を混合したときの均一性を調べる。

（l）**土まじり骨材混合性**　土のまざった骨材と乳剤との混合の均一性の良否を表すもので，土まじり骨材のかわりにポルトランドセメントを用いる（フィラーを含む骨材との混合の可能性を知る）。

（m）**セメント混合性**　骨材にセメントを加えたものと，乳剤との混合の均一性の良否を表すもので，試験条件で普通ポルトランドセメントと乳剤を混合したときに生じた塊および粗粒物の量を質量百分率で表す。

（n）**蒸発残留分**　乳剤の水分を蒸発して得られる残留物の量。質量百分率〔％〕で表す（乳剤中に含まれるアスファルトを定量する）。

（o）**貯蔵安定度**　凍結点に達しないときの乳剤の貯蔵中における安定性を表すもので，試験用のシリンダーに一定量の試料を入れて24時間静置し，上部試料と下部試料の蒸発残留分〔％〕の差で表す。

（p）**凍結安定度**　凍結融解後の乳剤の使用可否を判定するもので，試験条件で凍結融解を2回繰り返した後，試料中の粗粒子または塊の有無で表す。

4.3　アスファルト混合物

骨材と石油アスファルト，それにフィラーを混合した物をアスファルト混合

物（asphalt concrete）といい，主として，アスファルト舗装に使用される（図4.1）。アスファルト混合物は，加熱して混合するもの（**加熱アスファルト混合物**）と，常温または，少し加熱して混合するもの（**常温アスファルト混合物**）とに分けられる。

図4.1 アスファルト舗装

常温アスファルト混合物は，骨材とアスファルト乳剤などとを常温（100°C以下）で混合してつくられるものであり，土木材料としては混合前のそれぞれの材料として取り扱われる。

加熱アスファルト混合物は，おもに専用プラントで混合されるものであり，一般に混合されたものが，土木材料として取り扱われる。

したがって，ここでは主として，加熱アスファルト混合物を対象とする。

4.3.1　舗装用石油アスファルト

アスファルト混合物に用いられる舗装用石油アスファルトは，石油アスファルトのうち主として種類40〜60，60〜80，80〜100，100〜120のものである。このうち一般には，60〜80，80〜100が用いられる。40〜60は気温が高くて，交通量の多い場合の舗装用として用いることもある。

4.3.2　フィラー

アスファルト混合物に使用されるフィラー（filler）は，アスファルトの安定性を増すとともに，流動性を抑え，脆弱化，老化を防ぎ，靱性を与え，耐摩耗性をよくする。フィラーとしては，一般に石粉が用いられる。石粉は，石灰岩粉末または火成岩類を粉砕したもので，大部分が0.074 mmふるいを通過するものである。また，水分1.0％以下で微粒子が塊になったものを含まない

ものでなければならない。また，フィラーとしては，このほかにも骨材のダスト等が使用される。

4.3.3 アスファルト混合物の種類

アスファルト混合物の種類およびその標準的な用途を**表 4.7** に示す。アスファルト混合物は，使用する粗骨材の割合と粒度分布の形によって，粗粒度，

表 4.7 アスファルト混合物の種類および標準的な用途

		一般地域	積雪地域
基　　層		①粗粒度アスファルト混合物(20)	
表　　層		②密粒度アスファルト混合物(20,13) ③細粒度アスファルト混合物(13) ④密粒度ギャップアスファルト混合物(13)	⑤密粒度アスファルト混合物(20 F，13 F) ⑥細粒度ギャップアスファルト混合物(13 F) ⑦細粒度アスファルト混合物(13F) ⑧密粒度ギャップアスファルト混合物(13 F)
摩耗層	耐摩耗用		⑥細粒度ギャップアスファルト混合物(13 F) ⑦細粒度アスファルト混合物(13F)
	滑り止め用	⑨開粒度アスファルト混合物(13)	

(備考) 1. ④，⑧の混合物は滑り止め効果を兼ねた表層に用いる。
2. ⑥，⑦の混合物は耐摩耗用の摩耗層としても用いる。
3. ○内の番号は混合物の整理番号を，(　)内の数字は最大粒径を，またFはフィラーを多く使用していることを示している。
4. おのおのの混合物の一般的性質はつぎのとおりである。
   ① 粗粒度アスファルト混合物(20)は，一般的に基層に用いられている。
   ② 密粒度アスファルト混合物(20,13)は，耐流動性，滑り抵抗性に優れている。なお，最大粒径20 mm のものは特に耐流動性に優れている。
   ③ 細粒度アスファルト混合物(13)は特に耐久性に優れている。
   ④ 密粒度ギャップアスファルト混合物(13)は，耐久性，滑り抵抗性に優れている。
   ⑤ 密粒度アスファルト混合物(20 F，13 F)は，耐摩耗性に優れている。なお，最大粒径 20 mm のものは耐流動性にも富んでいる。
   ⑥ 細粒度ギャップアスファルト混合物(13 F)は，耐摩耗性，耐久性に優れている。
   ⑦ 細粒度アスファルト混合物(13 F)は，特に耐摩耗性，耐久性に優れているが，耐流動性に欠ける点がある。
   ⑧ 密粒度ギャップアスファルト混合物(13 F)は，滑り抵抗性に優れているし，耐摩耗性にも富んでいる。
   ⑨ 開粒度アスファルト混合物(13)は，滑り抵抗性に優れているが，耐久性に欠ける点がある。　　　〔日本道路協会：アスファルト舗装要綱(1992)〕

4.3 アスファルト混合物

表 4.8 アスファルト混合物の種類と粒度範囲

混合物の種類	① 粗粒度アスファルト混合物 (20)	② 密粒度アスファルト混合物 (20)	③ 細粒度アスファルト混合物 (13)	④ 密粒度ギャップアスファルト混合物 (13)	⑤ 密粒度アスファルト混合物 (20F)	⑤ 密粒度アスファルト混合物 (13F)	⑥ 細粒度ギャップアスファルト混合物 (13F)	⑦ 細粒度アスファルト混合物 (13F)	⑧ 密粒度ギャップアスファルト混合物 (13F)	⑨ 開粒度アスファルト混合物 (13)
仕上り厚 [cm]	4〜6	4〜6	3〜5	3〜5	4〜6	3〜5	3〜5	3〜4	3〜5	3〜4
最大粒径 [mm]	20	20	13	13	20	13	13	13	13	13
通過質量百分率 [%] 26.5 mm	100	100			100					
19 mm	95〜100	95〜100	100	100	95〜100	100	100	100	100	100
13.2 mm	70〜90	75〜90	95〜100	95〜100	75〜95	95〜100	95〜100	95〜100	95〜100	95〜100
4.75 mm	35〜55	45〜65	65〜80	35〜55	52〜72		60〜80	75〜90	45〜65	23〜45
2.36 mm	20〜35	35〜50	50〜65	30〜45	40〜60		45〜65	65〜80	30〜45	15〜30
600 μm	11〜23	18〜30	25〜40	20〜40	25〜45		40〜60	40〜65	25〜40	8〜20
300 μm	5〜16	10〜21	12〜27	15〜30	16〜33		20〜45	20〜45	20〜40	4〜15
150 μm	4〜12	6〜16	8〜20	5〜15	8〜21		10〜25	15〜30	10〜25	4〜10
75 μm	2〜7	4〜8	4〜10	4〜10	6〜11		8〜13	8〜15	8〜12	2〜7
アスファルト量 [%]	4.5〜6	5〜7	6〜8	4.5〜6.5	6〜8		6〜8	7.5〜9.5	5.5〜7.5	3.5〜5.5
アスファルト針入度	40〜60 60〜80 80〜100 100〜120									

〔日本道路協会:アスファルト舗装要綱 (1992)〕

表 4.9　アスファルト混合物のマーシャル試験に対する基準値

混合物の種類		①粗粒度アスファルト混合物 (20)	②密粒度アスファルト混合物 (20)(13)	③細粒度アスファルト混合物 (13)	④密粒度ギャップアスファルト混合物 (13)	⑤密粒度アスファルト混合物 (20F)(13F)	⑥細粒度ギャップアスファルト混合物 (13F)	⑦細粒度アスファルト混合物 (13F)	⑧密粒度ギャップアスファルト混合物 (13F)	⑨開粒度アスファルト混合物 (13)
突固め回数	C交通[1]以上	75	75	75	75	50	50	50	50	75
	B交通以下									50
空げき率 [%]		3～7	3～6		3～7	3～5		2～5	3～5	—
飽和度 [%]		65～85	70～85		65～85	75～85		75～90	75～85	—
安定度 [kN]		4.90以上	7.35以上[2]／4.90以上		4.90以上	4.90以上		3.43以上	4.90以上	3.43以上
フロー値 1/100 cm		20～40						20～80	20～40	

1) 積雪地域の場合や，C交通であっても流動によるわだち掘れのおそれが少ないところでは50回とする．
2) ( )内はC交通以上で突固め回数を75回の場合とする．

(備考) 水の影響を受けやすいと思われる混合物またはそのような箇所に舗設される混合物の場合には，次式で求めた残留安定度が75%以上であることが望ましい．残留安定度＝60°C，48時間水浸後の安定度(kg)／安定度×100
なお，B交通は大型車交通量250以上1 000未満〔台／日・1方向〕，C交通量は同じく1 000以上3 000未満〔台／日・1方向〕の交通量区分を表す．

[日本道路協会：アスファルト舗装要綱(1992)]

密粒度，細粒度，開粒度アスファルト混合物と称し，粒度分布が不連続なものを，**ギャップアスファルト混合物**という。**表 4.8** には，アスファルト混合物の種類と粒度範囲を示す。また，アスファルト量は，アスファルト混合物が**表 4.9** に示す基準値を満足する範囲で定める。

第5章 木材

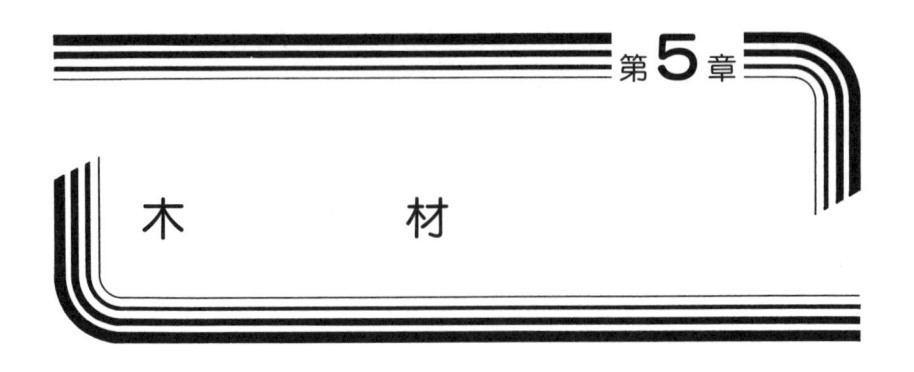

5.1 一般

　木材 (timber) は，土木材料として古くから使用されてきたが，最近では，土木構造物の構造材料としては，ほとんど使用されなくなり，主として架設物に用いられる程度である。

　しかし一部では，木材の外観を重視する観点から，樹脂加工した木材を構造材料として利用しようとする試みも行われている。

5.1.1 木材の長所と短所

　土木材料としての木材の長所は，以下のとおりである。

（1）　密度が小さいので，取扱いや運搬が容易。
（2）　加工が容易。
（3）　軽い割合に強さが大きい。
（4）　温度による伸縮が小さい（膨張係数が小さい）。
（5）　衝撃，振動などをよく吸収する。
（6）　熱，音，電気などの伝導性が小さい。
（7）　酸や塩基に対しても比較的強く，防腐処理を施すと相当耐久性がある。
（8）　価格が比較的安く，入手しやすい。
（9）　外観がよい。

　短所は，以下のとおりである。

(1) 含水量の増減による膨張，収縮が大きい。
(2) 材質や強度が均一でない。
(3) 腐食性，耐火性が悪く，また汚れやすい。
(4) 軟らかく，すりへりやすく，繊維にそって割れやすい。
(5) 大きさに制限がある。

5.1.2 木材の構造

木材の構造の概略図を**図5.1**に示す。

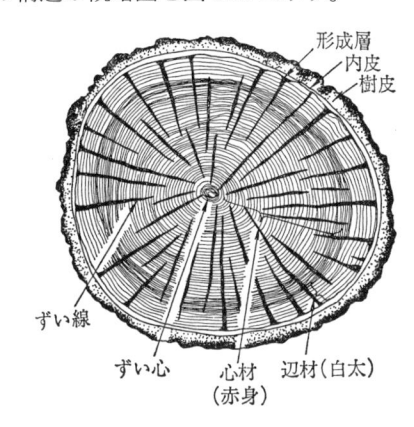

図5.1 木材の構造

(**a**) 樹皮

ⅰ) 外皮　木材最外部のコルク質の死んで乾燥した組織。外傷に対する保護層。

ⅱ) 内皮　外皮の内側の薄い組織。葉からの養分を樹木の各部に伝える。

(**b**) 材部

ⅰ) 辺材 (sap wood)　樹皮に続く淡色の材部。水分を根から葉に運ぶ樹液 (sap) が通る。木材としては，狂いが生じやすく，腐りやすい。

ⅱ) 心材 (heart wood)　辺材に続く幹の中心部で色が濃い所。辺材が老化した部分。強度が大きく，重く，材質としてよい。

(**c**) ずい心 (pith)　樹心に相当する部分。

(**d**) ずい線 (pith ray)　樹皮から樹心までの各層を放射状に連絡する組織で，養分の貯蔵と運搬をする。

(e) **春材**（spring wood）　色の薄く，軟らかい部分。木質部は，木質部と樹皮部との中間にある形成層の細胞分裂によって形成されるが，春はこの分裂が活発で細胞が大きく，組織は粗大で軽い。

(f) **夏材**（summer wood）　色の濃く，硬い部分。組織は，緻密で強靱。春材と夏材との境は，目立った筋となり，年輪（annual ring）が形成される。

5.1.3 木材の分類

木材は，これを軟材（soft wood）と硬材（hard wood）に分けることができる。

軟材は，針葉樹材であり，木質は軟らかい。これは，木の断面に穴が見えないので，**無孔材**ともいわれる。

硬材は，広葉樹材であり，木質部は硬い。木の断面には，樹液の移動のための通路（導管）の穴が見えるので，**有孔材**ともいわれる。

なお，軟材においては，樹液の移動は伝導管で行う。

5.2 木材の性質

5.2.1 密度

木材の細胞膜の密度〔g/cm^2〕は，木材の種類によってあまり変わらず，小さいものはぶな（密度 1.48），大きいものは，米松（密度 1.56）であるが，実用上は 1.54 でほぼ一定と考えてよい。したがって，木材組織の中の空げき率が大きいか小さいかで，木材の見掛けの密度が異なるのである。

密度の最も小さい木材は，バルサ材（全乾密度 0.12，空げき率 0.93），最も大きい木材は，ポック材（全乾密度 1.23，空げき率 0.20）であり，普通材は，全乾密度 0.3〜0.7 程度，空げき率 0.5〜0.8 程度である。

木材の密度には，その含水状態によって，つぎのような種類がある。

ⅰ）生木の密度　　生木または切った直後の密度。

ⅱ）気乾密度　　空気中の湿度と平衡するまで乾燥した状態の密度。

ⅲ）絶対乾燥密度（全乾）　　木材成分中の水分を完全に除いた状態の密

度。

iv）飽水密度　水を飽和するまで含ませた状態の密度。

おもな木材を密度によって分類したものを，表5.1に示す。

表5.1　おもな木材の密度による分類（気乾状態）

密度	軟材	硬材
0.3～0.4	さわら，杉，とど松	桐
0.4～0.5	えぞ松，から松，つが，ひのき	かつら，ほお，ラワン
0.5～0.6	赤松，いちょう，黒松	くす，くり，しだれ柳
0.6～0.7		かえで，けやき，ぶな，チークマホガニー
0.7～0.8		こなら，つげ
0.8～0.9		赤がし，くぬぎ，白かし

5.2.2　強度

木材の引張強度は，圧縮強度の2～5倍くらいも大きいが，引張りを受ける部材の接合構造が難しいので，引張部材として用いられることは少ない。木材の繊維に直角方向の圧縮強度は，平行の場合の10～20％程度しかなく，極端な異方性を示す。また，ふしや傷等の欠陥の影響によっても，強度は異なる。

含水率の影響は，図5.2に示すように，含水率が繊維飽和点（fiber saturation point：ESP）以下であれば，含水率が低いほど圧縮強度は大きくなる。

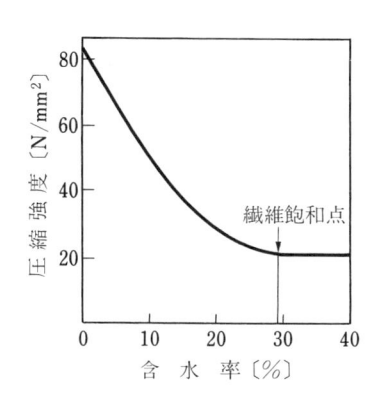

図5.2　木材の含水率と強度との関係の一例

〈繊維飽和点〉

木材に含まれる水は，細胞の中あるいは細胞のすき間に含まれる水（遊離

水：free water）と，細胞膜内に吸収されている水（吸収水：absorption water）との2種類がある。そして，木材を乾燥してゆくと，初めは遊離水のみが蒸発し，吸収水は変化しないが，さらに乾燥すると吸収水も蒸発するようになる。一方，遊離水が蒸発している間は，木材に体積変化はないが，吸収水が蒸発すると収縮を起こすようになる。この，遊離水の蒸発と吸収水の蒸発との限界点のことを，繊維飽和点といい，一般の木材では含水率25～30％付近である。気乾状態の木材の含水率は，13～15％であるので，気乾状態では繊維飽和点より含水率は低いことになる。

おもな木材の強度の一例を，**表5.2**に示す。

表5.2 おもな木材の強度の一例（繊維方向・気乾状態）

	圧縮強度〔N/mm²〕	引張強度〔N/mm²〕	曲げ強度〔N/mm²〕
杉	39～44	88～ 98	70～ 78
ひのき	44～49	120～140	78～ 88
黒松	49～55	140～160	88～ 98
桐	25～27	62～ 78	31～ 39
ラワン	49～55	160～180	78～ 88
チーク	35～39	88～ 98	70～ 78
けやき	55～62	140～160	110～120

木材の割裂性（割れやすさ）に関しては，以下の傾向がある。すなわち，生木は，粘着力が小さいので弱く，反対に，乾燥すると組織の繊維がもろくなって割れやすい。したがって，含水率10％程度で最大になる。また，硬材より軟材のほうが割れやすい。

第6章 石材

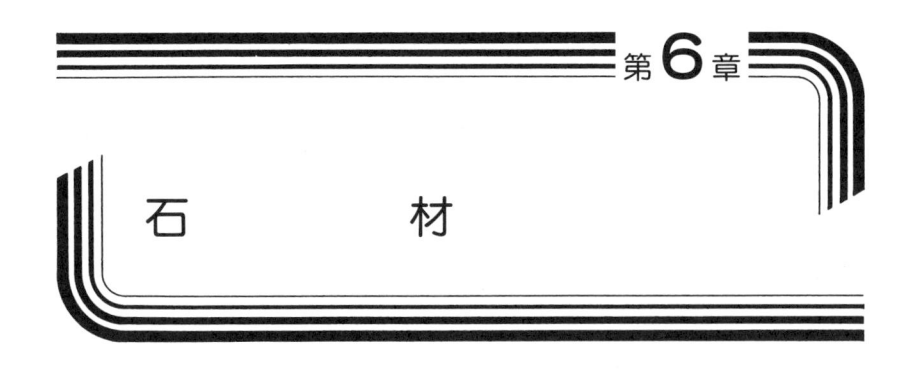

6.1 一般

　石材 (stone) は，強さ，耐久性，耐摩耗性，外観などが優れているため，古くから構造用，塗飾用として用いられてきた。ところが近年，良質のものを安価に入手することができなくなったこと，コンクリート製品の製造技術が進歩したこと等の理由によって，そのような方面での使用量は減少の傾向にある。割ぐり石，捨石基礎，捨石防波堤，ロックフィルダム等には，現在でも多く使用される。

6.1.1 岩石の分類

　岩石は，火成岩 (igneous rock)，堆積岩 (sedimentary rock)，変成岩 (metamorphic rock) の三つに分けることができる。

　（a）火成岩　　火成岩は，地球内部の岩しょうが冷却して固化したものであり，つぎのように分類できる。

　ⅰ）深成岩　　深い所で高圧のもとに，徐々に冷却されたもので，ほぼ均一な大きさの結晶から成る（例えば，岩こう岩，せん緑岩，はんれい岩）。

　ⅱ）火山岩　　岩しょうが地表に噴出して固化したもので，急速に冷却された微細な結晶の集合体である（例えば，流紋岩，安山岩，玄武岩）。

　ⅲ）半深成岩　　深成岩と火山岩との中間（例えば，石英はん岩，ひん岩，輝緑岩）。

　（b）堆積岩　　堆積岩は，表面に露出した岩石が風，水，氷河などの物理

的作用によって削られ，あるいは，風化分解したものが運搬され，機械的または化学的沈殿作用によって堆積して生成されたものであり，つぎのように分類できる。

ⅰ）砕屑堆積岩　物理的作用による（例えば，礫岩，砂岩，頁岩，粘板岩）。

ⅱ）化学的堆積岩　化学的作用による（例えば，石灰岩，けい岩）。

ⅲ）生物源堆積岩　（例えば，さんご石灰岩，石炭）。

（ｃ）変成岩　変成岩は，すでに存在していた堆積岩または火成岩が，地殻の変動や造山力の作用，液体またはガス体の化学作用，地熱または火成岩の貫入による高熱作用で組織が変化したものであり，つぎのように分類できる。

ⅰ）動力変成岩　（例えば，結晶片岩，片麻岩，大理石）

ⅱ）熱変成岩　（例えば，ホルンフェルス）

6.2 石材の性質

6.2.1 密度

石材の密度は，石質によって異なり，標準的な値は**表 6.1**のとおりである。

表 6.1 おもな岩石の密度

岩石名	密度〔g/cm³〕
花こう岩	2.53～2.76
ひん岩	2.53～2.82
石英安山岩	2.19～2.63
安山岩・玄武岩	2.30～2.93
石灰岩	2.40～2.81
凝灰岩	2.32～2.51
硬質砂岩	2.61～2.79

6.2.2 耐久性

石材の耐久性は，石材が加工されたときの表面の器具跡が消えるまでの年数で表す。**表 6.2**に岩石ごとの耐久性の値の目安を示す。

6.3 石材の分類

表6.2 岩石の耐久性の目安

岩石名	耐久年	岩石名	耐久年
花こう岩	75～200年	砂岩(粗粒)	5～15年
安 山 岩	50～60	〃 (細粒)	20～50
大 理 石	60～100	〃 (硬質)	100～200
石 灰 岩	20～40		

〔土木学会編：土木工学ハンドブック，技報堂(1979)〕

6.2.3 強　　　度

石材の強度は，石材の種類によって大きく異なる。

一軸圧縮強度別の分類の目安は，**表6.3**のとおりである。

表6.3 岩石の圧縮強度の目安

圧縮強度〔N/mm²〕	岩石名
196<	特に硬い粘板岩・けい岩・玄武岩・安山岩
147～196	細粒の花こう岩類・安山岩・玄武岩類，緻密な砂岩・粘板岩
98～147	普通の花こう岩類，古生層・中生層の砂岩・粘板岩・石灰岩
49～98	粗粒な花こう岩・砂岩，多孔質の安山岩・玄武岩，古第3紀の砂岩
<49	第3紀の砂岩，頁岩，凝灰岩，泥岩，特に多孔質の火山岩

〔土木学会編：土木工学ハンドブック，技報堂(1979)〕

一方，引張強度は，圧縮強度に比べて小さく，また圧縮強度に比べて岩石の組織などに影響される度合いが強い。目安は**表6.4**のとおりである。

表6.4 岩石の引張強度の目安

岩石名	引張強度〔N/mm²〕
花こう岩	約6.9
大 理 石	4.9～5.9
石 灰 岩	約3.4
砂 岩	0.7～1.5

〔土木学会編：土木工学ハンドブック，技報堂(1979)〕

6.3　石材の分類

石材の物理的性質による分類を**表6.5**に示す。

土木建築工事用石材は，その岩石の種類により，(1)花こう岩類，(2)安山岩類，(3)砂岩類，(4)粘板岩類，(5)凝灰岩類，(6)大理石類およびじゃ紋岩類に区分され，形状による分類は以下のとおりである（**図6.1**）。

　i) 角石(square stone)　　幅が厚さの3倍未満で，ある長さをもってい

表 6.5 工事用石材および割ぐり石の物理的性質による分類（JIS A 5003, 5006）

種類	圧縮強度〔N/mm²〕	参考値	
		吸水率〔%〕	見掛けの密度〔g/cm³〕
硬石	4 903 以上	5 未満	約 2.7〜2.5
準硬石	4 903〜981	5〜15	約 2.5〜2
軟石	981 未満	15 以上	約 2 未満

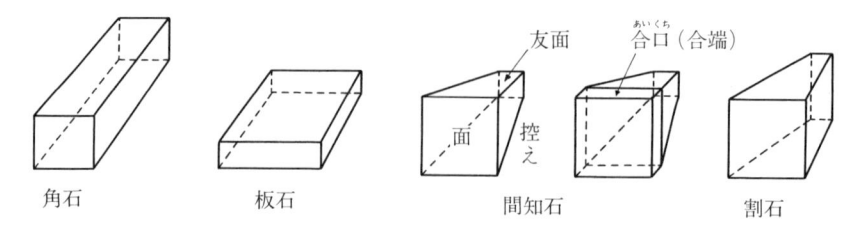

図 6.1 石材の形状による分類

ること。

ⅱ）板石（plate stone） 厚さが 15 cm 未満でかつ幅が厚さの 3 倍以上であること。

ⅲ）間知石 面が原則としてほぼ方形に近いもので，面から友面までの長さ（控え）は四方落としとし，面に直角に測った控えの長さは，面の最小辺の 1.5 倍以上であること。

ⅳ）割石 面が原則としてほぼ方形に近いもので，控えは二方落としとし，面に直角に測った控えの長さは，面の最小辺の 1.2 倍以上であること。

割ぐり石（broken stone, rubble）は，その原石が，花こう岩類，安山岩類，砂岩類，凝灰岩類，石灰岩類，けい岩類またはこれらに準ずる岩石とし，薄っぺらなもの（厚さが幅の 1/2 以下），細長いもの（長さが幅の 3 倍以上）であってはならない。

第7章 コンクリート工場製品

コンクリート工場製品は，工場で大量に生産されるため，現場施工のコンクリートと比べて品質管理もやりやすく，品質も優れているものが多い。また，JIS に基づいてつくられる物が多く，使用に当たっては鋼材と同じように，JIS 規格の中から選ぶことになる。

コンクリート工場製品の種類がたいへん多いため，本書ではその詳しい内容については説明しない。ここでは主として，種類をあげるのみにとどめる。

7.1 管　　類

〔1〕 無筋コンクリート管（JIS A 5371）および鉄筋コンクリート管（JIS A 5372）　主として下水道用または灌漑排水用として用いる。通常の外圧に対する無筋コンクリート管および鉄筋コンクリート管1種，比較的大きい外圧

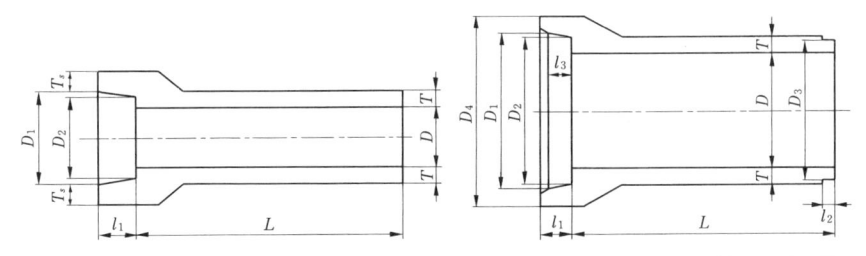

（a） 呼び径 600 以下の無筋および 1 種　　（b） 呼び径 700〜1 800 の 1 種および 2 種

図 7.1　鉄筋コンクリート管（JIS A 5372）

に対する鉄筋コンクリート管 2 種，に分かれている（**図 7.1**）。呼び径（内径 D）の範囲は，無筋では 100～600 mm，1 種では 150～1 800 mm，2 種では 150～2 000 mm である。

〔2〕 **遠心力鉄筋コンクリート管**（JIS A 5372）　遠心力またはロール転圧を応用して製造した鉄筋コンクリート管であり，直管と異形管に分かれている。直管は**外圧管**（外圧に対して設計されているもの）と，**内圧管**（内圧と外圧に対して設計されているもの）とに区分されている。形状は A 形，B 形，C 形，NC 形の 4 種類ある（**図 7.2**）。呼び径（内径 D）の範囲は，A 形で 150～1 800 mm，B 形で 150～1 350 mm，C 形および NC 形で 1 500～3 000 mm である。

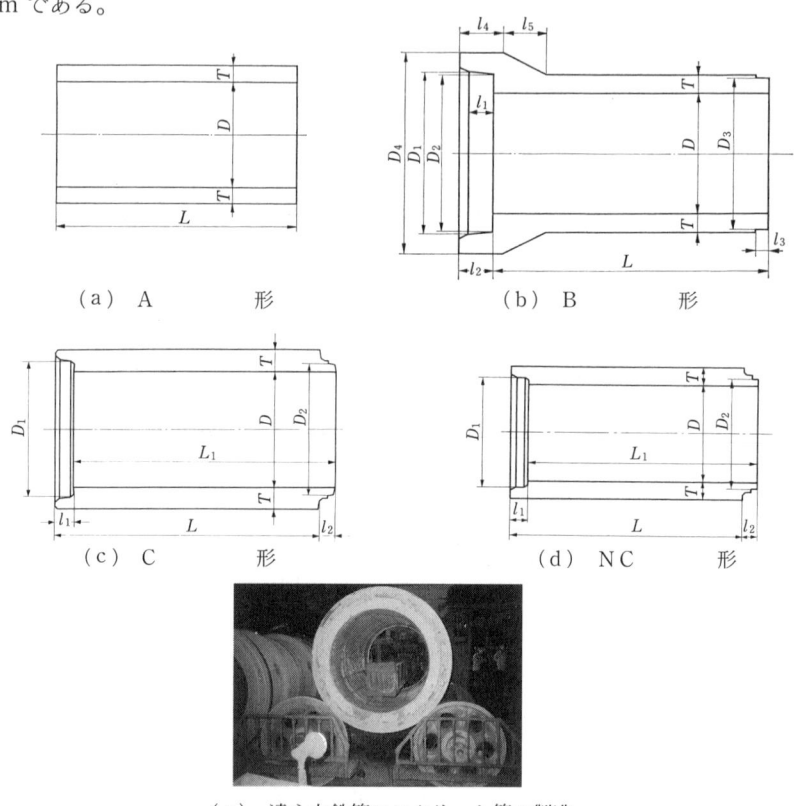

（a） A 形

（b） B 形

（c） C 形

（d） NC 形

（e） 遠心力鉄筋コンクリート管の製造

図 7.2 遠心力鉄筋コンクリート管（JIS A 5372）

7.1 管　類　　**165**

　異形管は，外圧管として用いられるもので，図 **7.3** に示すような種類がある。

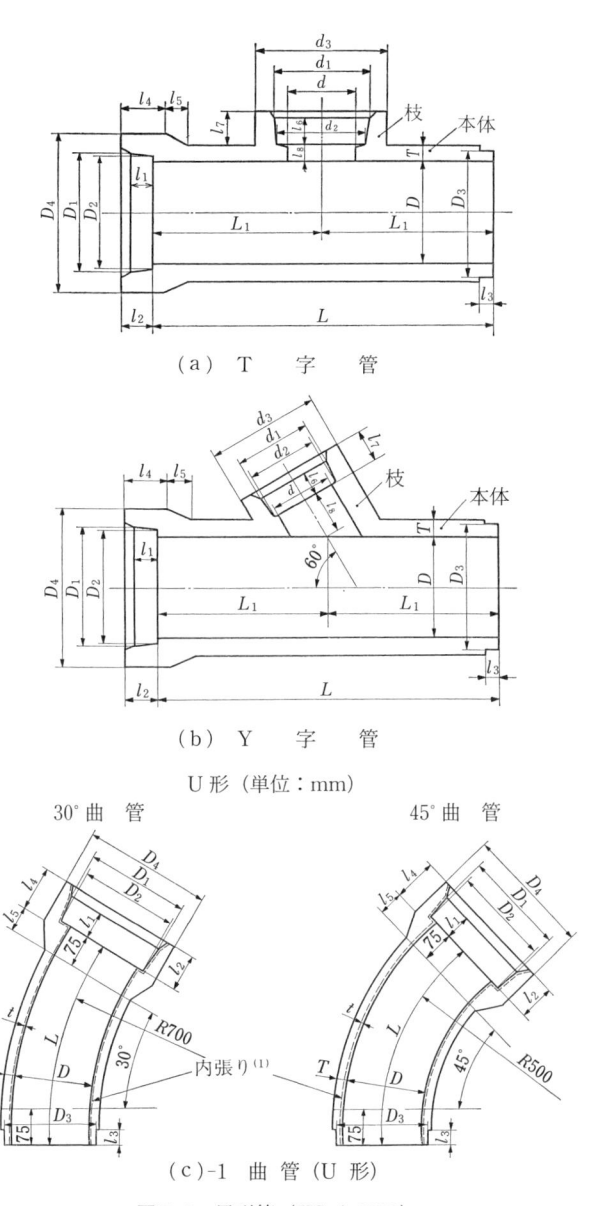

(a) T 字 管

(b) Y 字 管

U 形（単位：mm）

30°曲 管　　　　45°曲 管

(c)-1 曲 管（U 形）

図 **7.3**　異形管（JIS A 5353）

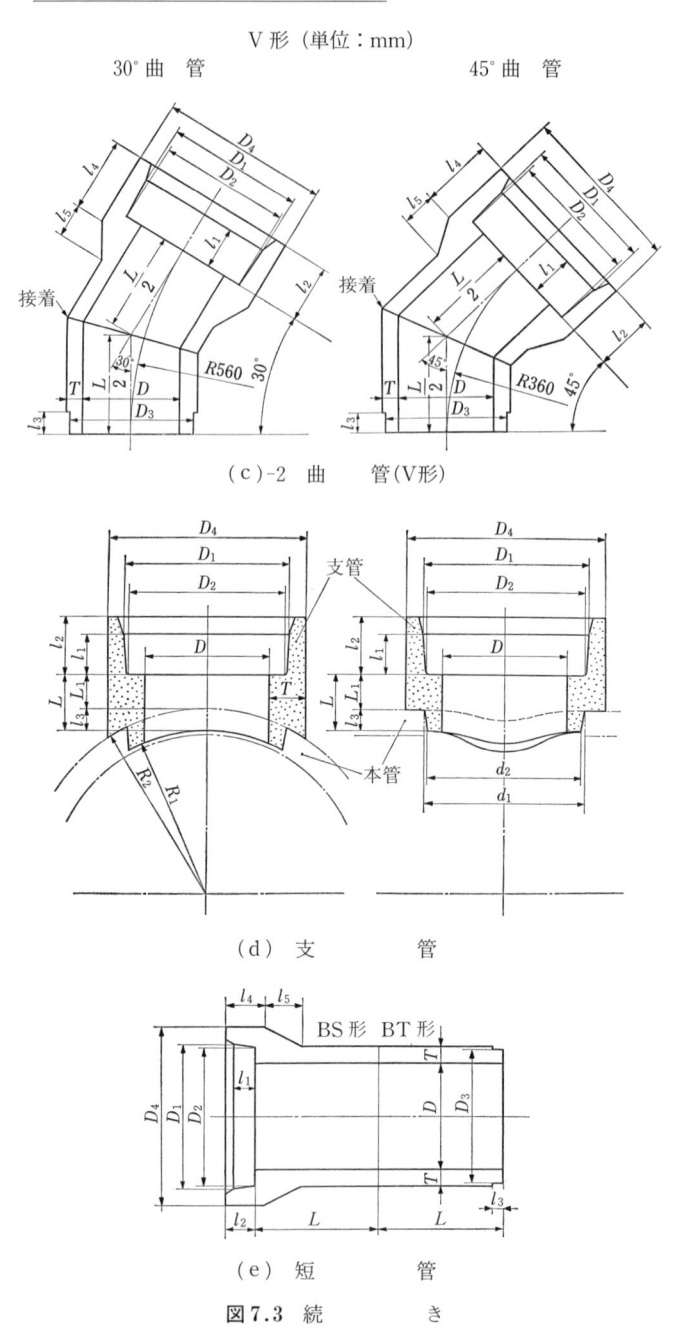

166 第7章 コンクリート工場製品

V形（単位：mm）

30°曲管　　　　　　　　　　45°曲管

（c）-2　曲　　管（V形）

（d）支　　　　　管

（e）短　　　　　管

図7.3　続　　　　　き

7.2 溝用製品(U形,L形)

〔3〕 **プレストレストコンクリート管**（JIS A 5373） 遠心力方式またはロール転圧方式によってつくられ，軸方向にプレテンション方式でプレストレスを与えた管（コアという）の外側に，円周方向にPC鋼材を巻き付けてプレストレスを与え，その後外側を吹付け方式のモルタルでカバーしたプレストレストコンクリート管で，外圧管と内圧管とに区分されている。形状は，継手の形式によりS形（ソケット形），C形およびNC形（いずれもいんろう形）に分かれている（**図7.4**）。呼び径（内径 D）の範囲は，S形で500〜2 000 mm，C形で900〜3 000 mm，NC形で1 500〜3 000 mmである。

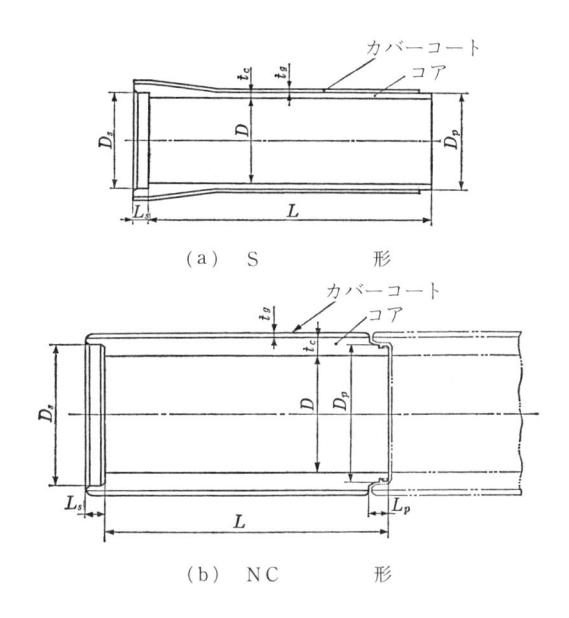

(a) S 形

(b) NC 形

図7.4 プレストレストコンクリート管（JIS A 5373）

7.2 溝用製品（U形，L形）

〔1〕 **鉄筋コンクリートU形側溝**（JIS A 5372） 主として，道路の側溝として用いられる鉄筋コンクリートのU形（**図7.5**）およびそのふた（**図7.6**）である。呼び名（図7.5中 a の値）の範囲は150〜600 mmである。

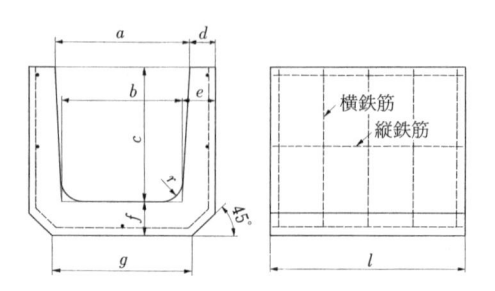

図 7.5 鉄筋コンクリートU形側溝の例（呼び名 150）
（JIS A 5372）

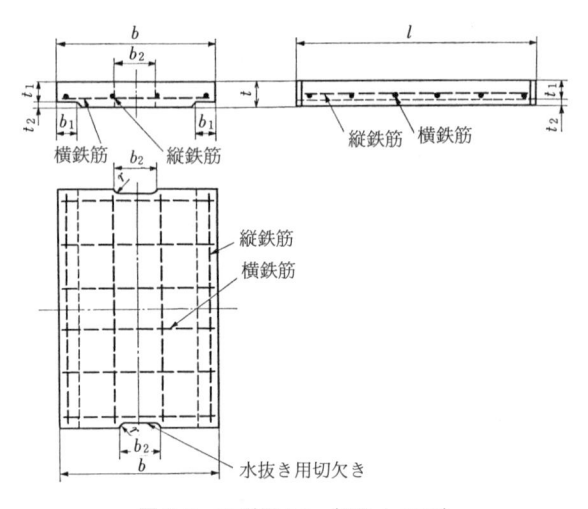

図 7.6 U形用ふた（JIS A 5372）

〔2〕 **落ちふた式 U 形側溝**（JIS A 5372）　歩道および車道に平行して用いる鉄筋コンクリート製の側溝（**図 7.7**）およびそのふた（**図 7.8**）であり，主として歩道に用いる側溝（1種）と，主として車道に平行して用いる側溝（3種）とに区分されている。呼び名（図 7.7 中 a の値）の範囲は，それぞれ 250〜500 mm である。

〔3〕 **鉄筋コンクリートフリュームおよび鉄筋コンクリートベンチフリューム**（JIS A 5372）　主として，農業用水路に用いられる鉄筋コンクリート製フリュームであり，ある間隔ごとに受台で支持されるものを鉄筋コンクリート

7.2 溝用製品(U形, L形) **169**

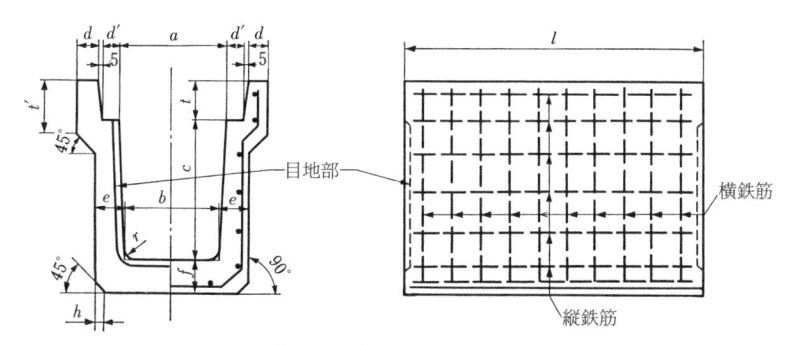

図7.7 落ちふた式U形側溝（JIS A 5372）

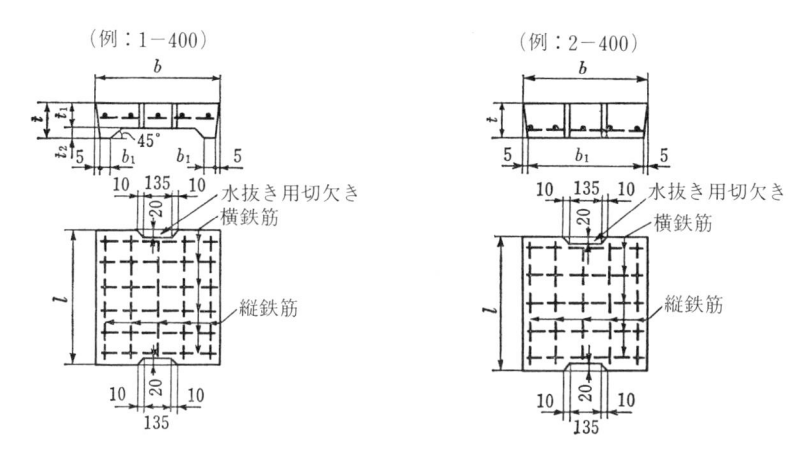

図7.8 落ちふた式U形側溝ふた（JIS A 5372）

フリュームという（**図7.9**）。図中 A の寸法の範囲は，210〜1 055 mm である。鉄筋コンクリートベンチフリュームは主として，直接地面に置いたり，地中に埋め込んで用いられる（**図7.10**）。継手の方式によって，突合せ方式（1種）とソケット方式（2種）がある。呼び名（図中 a の値）の範囲は，200〜1 000 mm である。

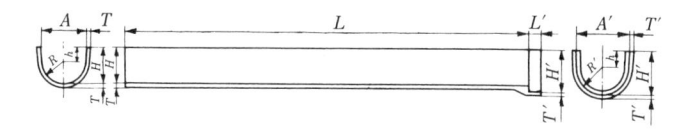

図7.9 鉄筋コンクリートフリューム（JIS A 5372）

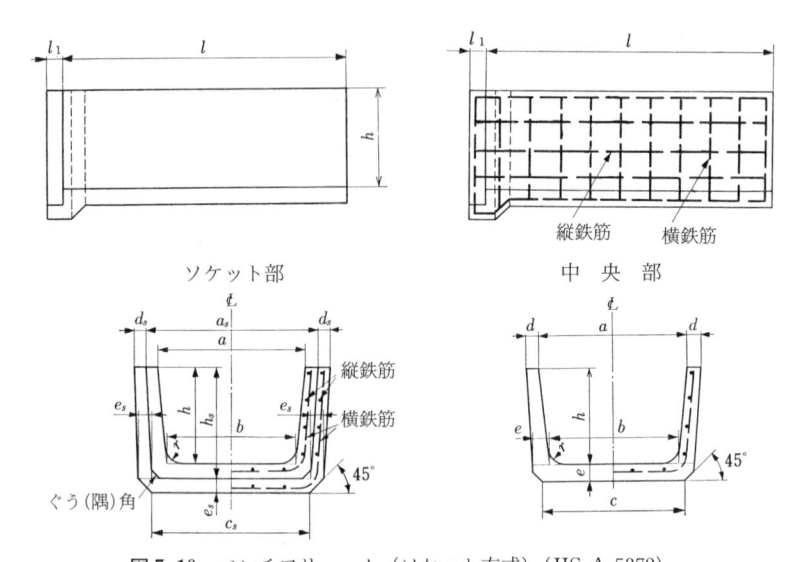

170 第7章 コンクリート工場製品

ソケット部　　　　　　　中央部

図 7.10　ベンチフリューム（ソケット方式）（JIS A 5372）

〔4〕 **コンクリート L 形側溝（JIS A 5371）および鉄筋コンクリート L 形（JIS A 5372）**　主として，路面排水用側溝として用いられるコンクリート製の L 形側溝および鉄筋コンクリート製の L 形である。形状は**図 7.11** に示す

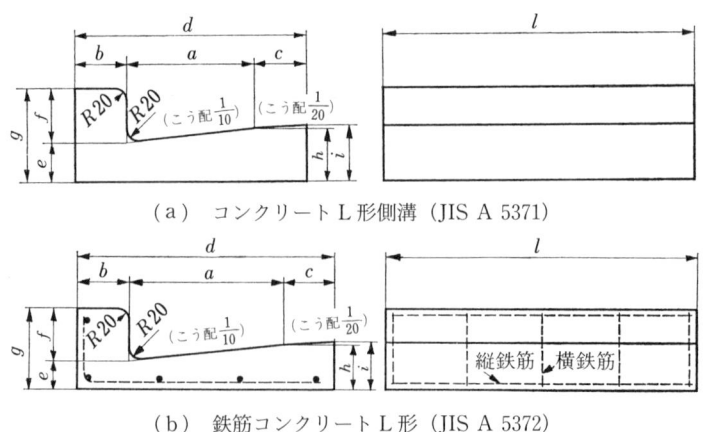

（a）コンクリート L 形側溝（JIS A 5371）

（b）鉄筋コンクリート L 形（JIS A 5372）
　　L 形には，つり上げ金具を付けてもよい。

図 7.11　L 形 側 溝

が，寸法はコンクリートL形側溝で $a=250$ mm, $b=100$ mm, $c=0$ または 100 mm, $l=600$ mm である．鉄筋コンクリートL形には，$a=250$, 300, 350 mm のものがある（**図7.12**）．

図7.12 L形の使用例

7.3 ポールおよびくい

〔1〕 **プレストレストコンクリートポール**（JIS A 5373）　遠心力を応用してつくったプレテンション方式によるプレストレストコンクリートポールである．主として，送電，配電，通信および信号に用いるもの（1種）と，主として，鉄道および軌道における電線路に用いるもの（2種）とに区分されている．**図7.13**に形状および各部の名称を示すが，1種の末口径の範囲は12〜22

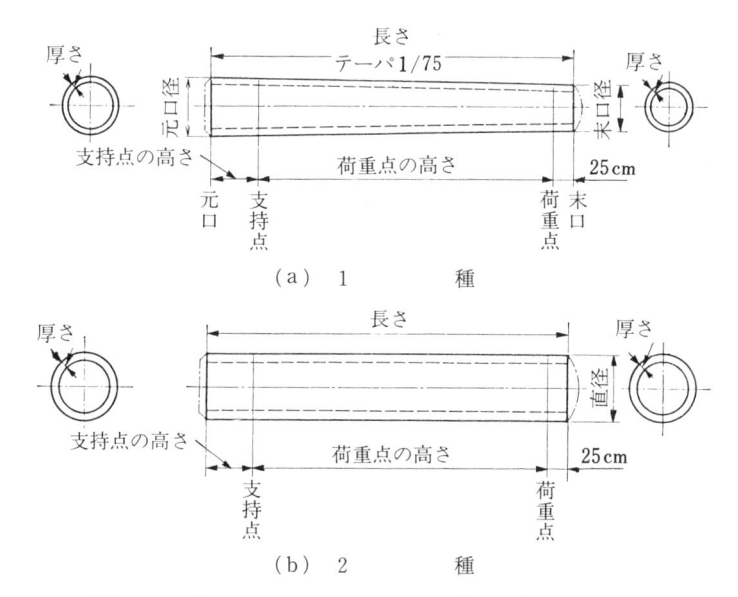

(a) 1 種

(b) 2 種

図7.13　プレストレストコンクリートポール（JIS A 5373）

cm，2種の直径の範囲は30～40 cmである。

〔2〕 **鉄筋コンクリートくい**（JIS A 5372）　遠心力を応用してつくった鉄筋コンクリートくいで，主として軸方向荷重に対して設計されたもの（1種）と，軸方向荷重のほかに水平荷重に対しても抵抗するように設計されたもの（2種）とに区分されている。形状は，**図7.14**に示すように，中空円筒形の部分を本体とし，必要に応じて適当な先端部，継手部または頭部を設ける。先端部には，閉塞形，開放形その他のものがある。1種の外径の範囲は，200～600 mm，2種の外径の範囲は300～600 mmである。

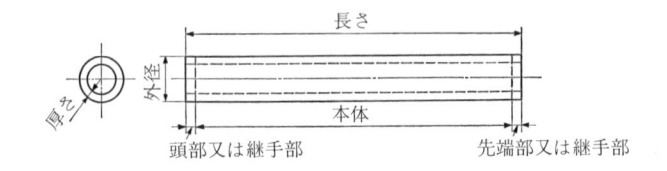

図7.14 鉄筋コンクリートくい（JIS A 5372）

〔3〕 **プレストレストコンクリートくい**（JIS A 5373）　遠心力を応用してつくったコンクリートの圧縮強度が，78.5 N/mm^2以上のプレテンション方式による高強度プレストレストコンクリートくいであり，有効プレストレスの大きさによりA種，B種およびC種に区分されている。外径の範囲は，300～1 200 mmである。

7.4　橋　げ　た

〔1〕 **道路橋用橋げた**（JIS A 5373）　道路橋に用いるプレテンション方式によるプレストレストコンクリート橋げたであり，スラブ形式の道路橋に用いる橋げたとけた形式の道路橋に用いる橋げたがある。それぞれA活荷重用とB活荷重用に分かれている。スラブ形式の標準スパンの範囲は5～24 mである。**図7.15**はA活荷重用，標準スパン16 m用のけたを示す。

　けた形式の標準スパンの範囲は，18～24 mである。**図7.16**は，B活荷重用，標準スパン19 m用のけたを示す。

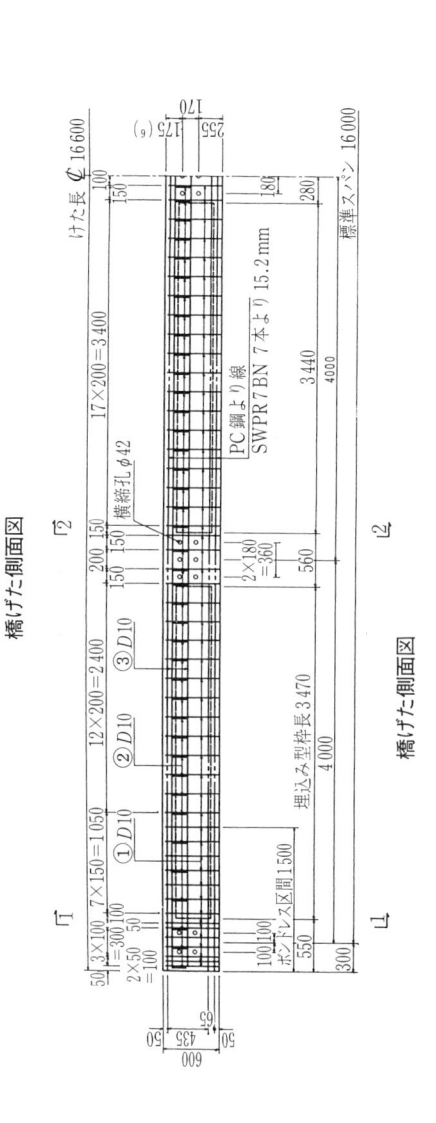

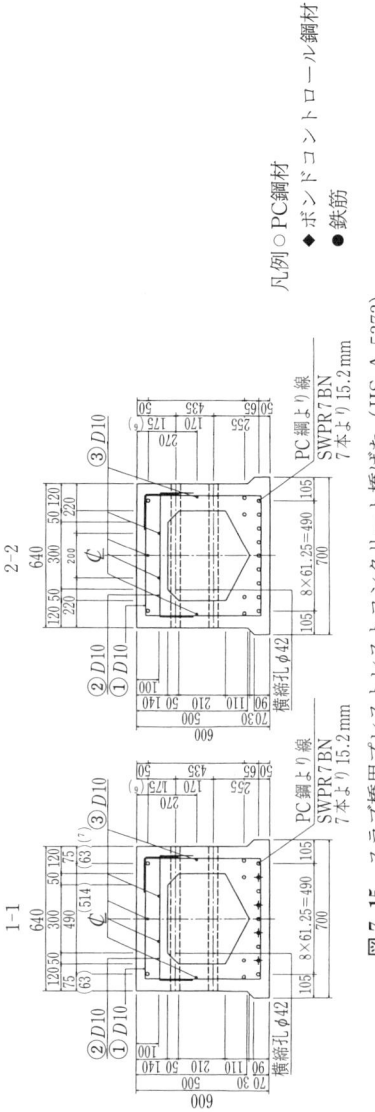

図 7.15 スラブ橋用プレストレストコンクリート橋げた (JIS A 5373)

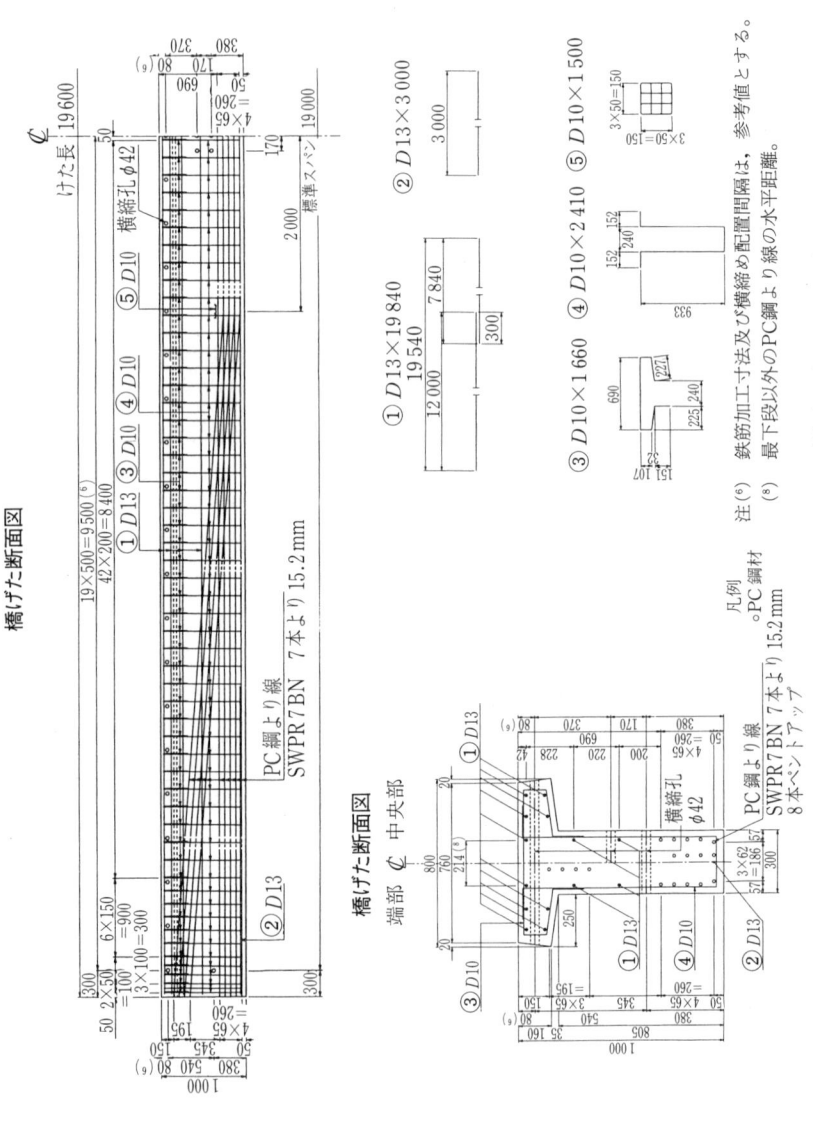

図 7.16 けた橋用プレストレストコンクリート橋げた (JIS A 5373)

〔2〕 **軽荷重スラブ橋用プレストレストコンクリート橋げた**（JIS A 5373）
一車線の軽荷重スラブ橋に使用するプレテンション方式によるプレストレストコンクリート橋げたであり，設計自動車荷重は98.1 kN である。標準スパンの範囲は，5〜13 m である。

7.5 土止め・矢板

〔1〕 **鉄筋コンクリート組立土止め**（JIS A 5372）　輪荷重の影響がなく，土圧の比較的小さい場所の土止め壁，用排水路および小河川の護岸などに用いられる鉄筋コンクリート製の組立土止めで，**図 7.17** に一般組立図を示す。

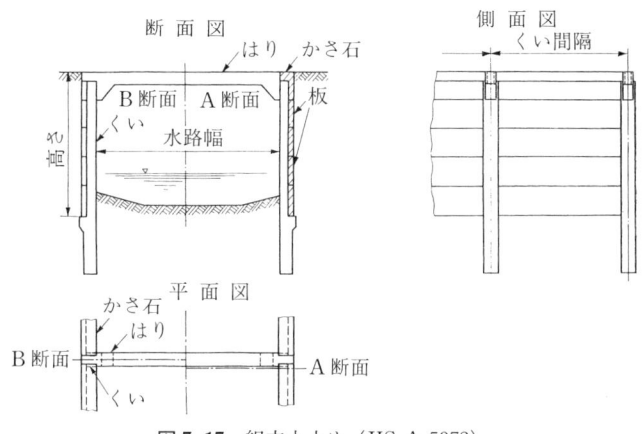

図 7.17 組立土止め（JIS A 5372）

〔2〕 **コンクリート矢板**　加圧成形によって製造したコンクリートの圧縮強度が58.9 N/mm² 以上の加圧コンクリート矢板（JIS A 5372）およびプレテンション方式によるコンクリートの圧縮強度が68.7 N/mm² 以上のプレストレストコンクリート矢板（JIS A 5373）で，形状は平形（**図 7.18** に示す形をし，製品幅 B は 500 mm と 1 000 mm，高さ H は 50〜220 mm），溝形（**図 7.19** に示す形をし，製品幅 B は 1 000 mm，高さ H は 90〜350 mm），さらにプレストレストコンクリート矢板では，波形（製品幅 1 000 mm，高さ 120〜600 mm）がある。長さ L は，平形と溝形で 2〜14 m，波形で 3〜21 m である。

(a) 断 面 図　　　(b) 平 面 図

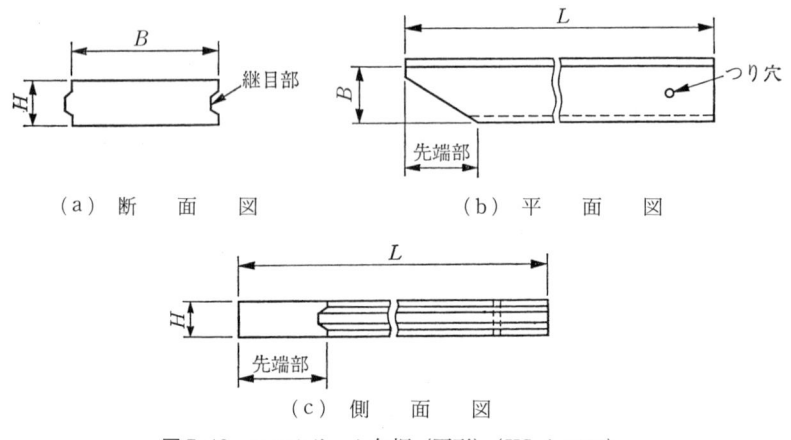

(c) 側 面 図

図7.18 コンクリート矢板（平形）（JIS A 5372）

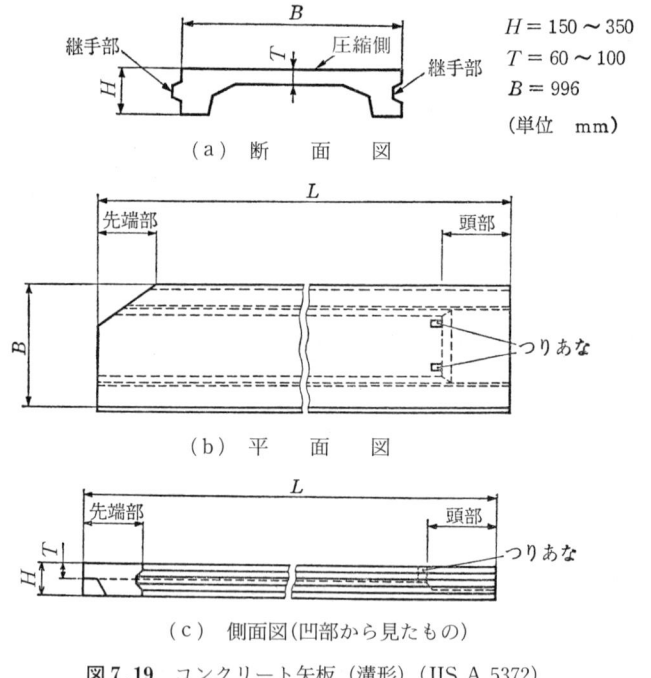

$H = 150 \sim 350$
$T = 60 \sim 100$
$B = 996$
（単位 mm）

(a) 断 面 図

(b) 平 面 図

(c) 側面図(凹部から見たもの)

図7.19 コンクリート矢板（溝形）（JIS A 5372）

7.6 その他

〔1〕 **舗装用コンクリート平板**（JIS A 5371） 主として，歩道の舗装に用いられるコンクリート製の平板で，普通平板および透水平板に区分され，それぞれカラー平板（据え付けたとき露出する面が着色されたもの），洗出平板（露出する面を洗い出したもの），凝石平板（露出する面をたたいて仕上げたもの），等がある。寸法は，300 mm×300 mm〜500 mm×500 mm まであり，厚さは 60 mm を標準とするが，30 mm から 80 mm まである。

〔2〕 **コンクリート境界ブロック**（JIS A 5371） コンクリート製の歩車

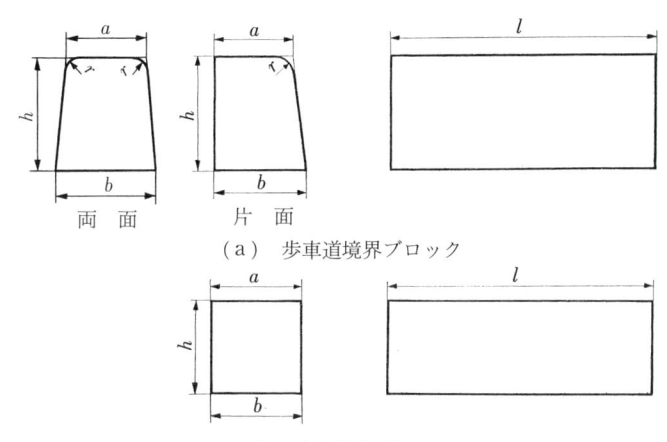

図 7.20 コンクリート境界ブロック（JIS A 5371）

表 7.1 コンクリート境界ブロックの寸法(JIS A 5371)

(単位：mm)

呼び名		寸法				
		a	b	h	r	$l^{1)}$
片面歩車道境界ブロック	A	150	170	200	20	
	B	180	205	250	30	600
	C		210	300		
両面歩車道境界ブロック	A	150	190	200	20	
	B	180	230	250	30	600
	C		240	300		
地先境界ブロック	A	120	120	120	—	
	B	150	150		—	600
	C			150	—	

1) 歩車道境界ブロックの寸法は，1 000 mm または 2 000 mm とすることができる。

道境界ブロックおよび地先境界ブロックであり，**図7.20**にその形状を，**表7.1**にその寸法を，**図7.21**に使用例を示す．

図7.21 境界ブロックの使用例

〔3〕 **鉄筋コンクリートケーブルトラフ**（JIS A 5372） 地中地表などに布設する各種ケーブルを防護するために用いられる鉄筋コンクリートケーブルトラフの本体およびふたである．

図7.22にその形状の一例を示すが，このほかに曲線用，こう配用，分岐用などがある．aの寸法は 70 mm から 620 mm まである．

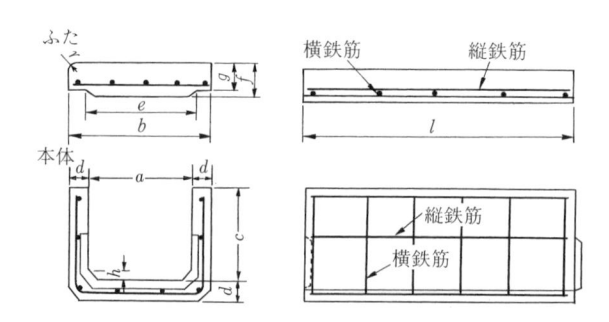

図7.22 鉄筋コンクリートケーブルトラフ（直線用）（JIS A 5372）

〔4〕 **下水道用マンホール側塊**（JIS A 5372） 主として，下水道用の鉄筋コンクリート製のマンホール側塊であり，**図7.23**にその形状を示す．マンホールの直径（a）の寸法の範囲は，斜壁で600〜1 200 mm，直壁で900〜1 500 mm である．

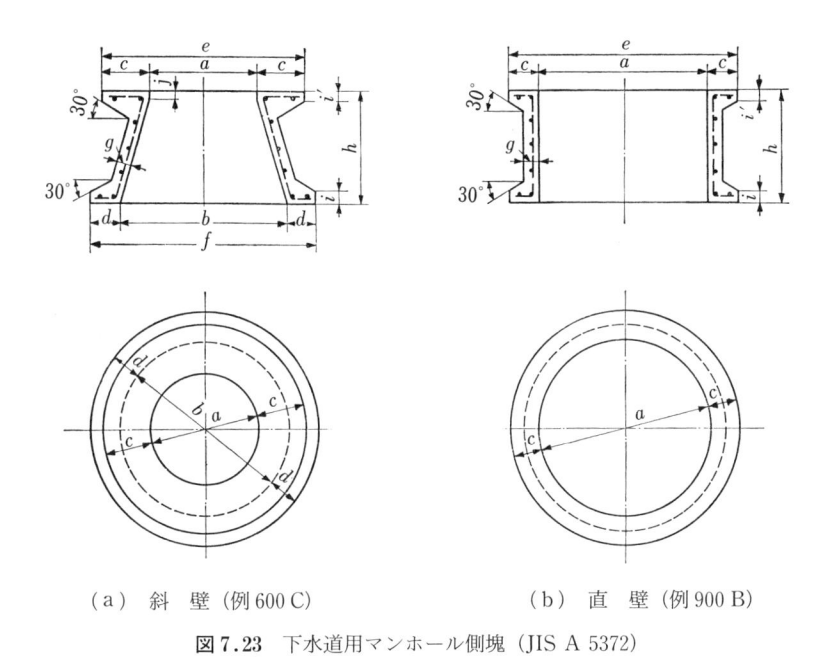

7.6 そ の 他

(a) 斜 壁 (例 600 C)　　　　(b) 直 壁 (例 900 B)

図 7.23　下水道用マンホール側塊 (JIS A 5372)

〔5〕 **コンクリート積みブロック** (JIS A 5371)　擁壁などに用いられるコンクリート積みブロックである。図 7.24 に面の形の例を示す。形状と寸法を表 7.2 に示す。

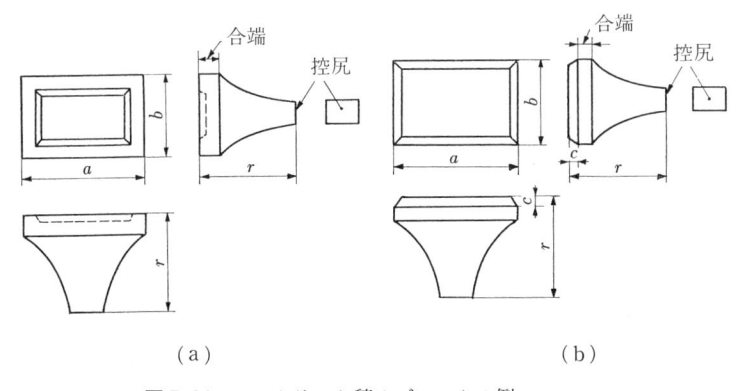

(a)　　　　　　　　　　　(b)

図 7.24　コンクリート積みブロックの例

(c)　　　　　　　　　　　　　　　(d)

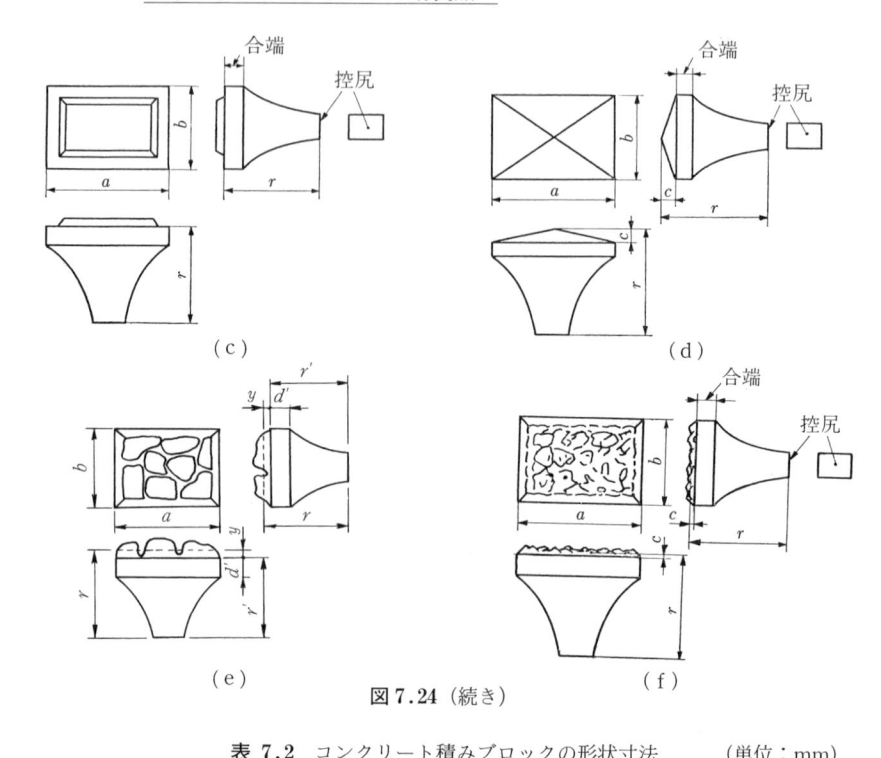

(e)　　　　図7.24（続き）　　　(f)

表 7.2　コンクリート積みブロックの形状寸法　　　（単位：mm）

種類		寸法		
質量区分	面の形状	幅（a）	高さ（b）	控長（r）
1	長方形	360	300	350〜500
2		400	250	
3		400	300	
4		420	280	
5 A及びB		424	283	
6		450	300	
7		500	250	
8	正方形	300	300	
9		330	330	
10		350	350	
11	正六角形	190（一辺の長さ c）		
12		200（一辺の長さ c）		
寸法の許容差		±3	±3	±5

（備考）
1. 面には，実用上差し支えない範囲で適切な凹凸を設けることができる。
2. 面には，面取りを施してもよい。
3. 面取りに相当する部分は，控長に含めることができる。
4. 施行目地などを考慮した面寸法のものも含めることができる。

〔6〕 **組合せ暗きょブロック**（JIS A 5372）　上下を組み合わせて暗きょとする鉄筋コンクリート製のブロックであり，**図7.25**にその形状を示す。組み合わせた後の内面は，幅と高さが等しくなり，その寸法の範囲は180〜600 mm である。

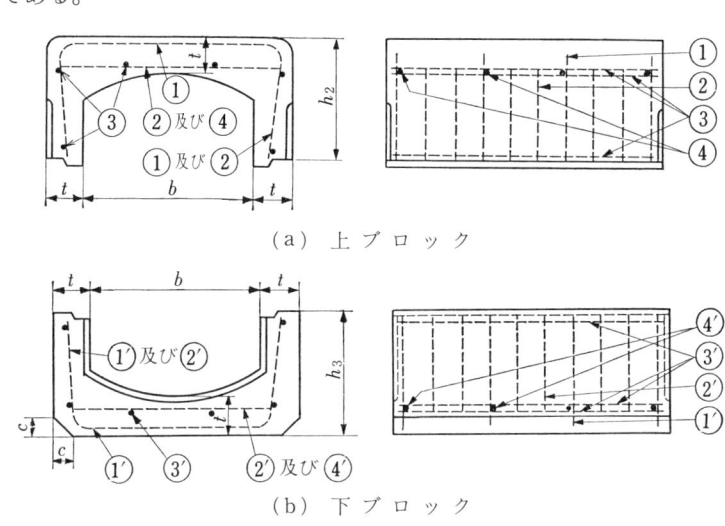

（a）上ブロック

（b）下ブロック

図7.25　組合せ暗きょブロック（JIS A 5372）

〔7〕 **建築用コンクリートブロック**（JIS A 5406）　おもに建築物に用いられ，補強筋を挿入する空胴を有し，コンクリートブロック壁体で外力を負担する。コンクリートブロックは，形状，強度，化粧の有無，寸法，水密性によって区分され，種類は数多くあるが，基本のブロックは長さ300〜900 mm，高さ100〜300 mm であり，厚さの範囲は100〜190 mm である（**図7.26，7.27**）。

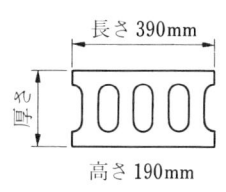

図7.26　建築用コンクリートブロック（JIS A 5406）

図7.27　コンクリートブロックの使用例

第8章 その他の土木材料

8.1 合成樹脂

〔1〕 一 般　合成樹脂（synthetic resin）材料は，ほかの土木材料と違って，化学工業によってつくられた人造の材料である。その大部分は，**高分子物質**（macromolecular material：きわめて多くの原子からできている大きな分子で構成された物質）であり，一般に原子の数が1万以上にもなる。

この高分子は，小さな分子を多数結合して生成されるものであり，この生成過程が**重合**（polymerization）と呼ばれる結合であるため，高分子のことを高重合体（high polymer）または通常は単に**ポリマー**（polymer）ともいわれる。

また，合成樹脂は**プラスチック**（plastics）とも呼ばれるが，これは熱を加えると塑性（plastic）にすることができるという意味からきているといわれ，以下の二つに分けられる。

（a）　**熱可塑性プラスチック**（thermoplastics）　加熱すると軟化して塑性になるが，冷却すれば固化する。可逆的。

（b）　**熱硬化性プラスチック**（thermosetting plastics）　加熱すれば軟化して塑性になるが，加熱しているうちにだんだん硬化してその後は加熱しても軟化しなくなる。不可逆的。

合成樹脂を材料として使用する場合には，一般に樹脂のほかに，可塑剤，充てん剤，染料・顔料，安定剤等を添加して成形される。

8.1 合成樹脂

〔2〕 樹脂の種類およびおもな用途

（a） 塩化ビニル樹脂（polyvinyl chloride resin）　この樹脂は軟質と硬質とに分けられる。軟質品はレインコート，ふろしき等に用いられ，硬質品は水道管，その他の各種管類，**止水板**（water stop）（図 8.1）等に用いられる。

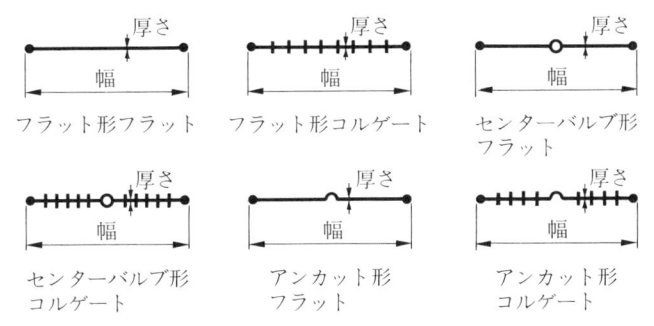

厚さ	厚さ	厚さ
幅	幅	幅
フラット形フラット	フラット形コルゲート	センターバルブ形フラット
幅	幅	幅
センターバルブ形コルゲート	アンカット形フラット	アンカット形コルゲート

図 8.1　塩化ビニル樹脂製止水板（JIS K 6773）

（b） フェノール樹脂（phenol resin）　ベークライトの商品名で知られているが，電気絶縁板，ソケット，電話機，ベニヤ合板用接着剤等に用いられる。

（c） 尿素樹脂（urea resin）　光沢がよいため，食器，容器，電話機に用いられる。また，接着剤にも用いられる。

（d） ポリエステル樹脂（polyester resin）　非常に強くて軽いため，パイプ（JIS A 5350，強化プラスチック複合管），車体，ボート等に用いられる。また接着剤にも用いられる。

（e） ポリエチレン樹脂（polyethylene resin）　密度が 0.92 とたいへん小さく，耐薬品性も大きい。弾性率は小さいが伸びは大きい。水道管（JIS K 6762，水道用ポリエチレン管）PC 構造用プラスチックシース等に使用される。ただし，接着剤が使用できない。

（f） エポキシ樹脂（epoxy resin）　高強度で，硬化時の収縮が小さいため，ひび割れへの注入・鋼板の接着等のコンクリート構造物の補修材料，カラー舗装・滑り止め舗装等の舗装材，各種の接着剤，防食・防水・その他の各種のライニング材等に用いられる。

（**g**）**アクリル樹脂**（acrylic resin）　反応が早く接着力が強いため，金属の接着や，ひび割れや間げきの注入剤として用いられる．

〔3〕 添加材料

（**a**）**可塑剤**（plasticizer）　プラスチックの柔軟性，弾性，軟化温度などを調節するために，全質量の10〜40％程度添加する．

（**b**）**充てん材**（filler）　かさを増して製品コストを下げる（木粉，石綿，大理石粉，綿くず等），強度を増す（各種の繊維，石綿等），耐熱・耐水・耐薬品性を増す（石綿，金属粉，砂等）等のために添加する．

〔4〕 合成樹脂材料の特徴

（1） 強度は，木材程度であり，使用に当たっては補強材等を併用する．

（2） 応力・ひずみ曲線は非線形である．

（3） 弾性係数は，鋼の 1/50〜1/100 程度である．

（4） 耐熱温度は，熱可塑性樹脂で60〜80℃程度，熱硬化性樹脂で130〜200℃程度と低い．

(5) 膨張係数は大きく，その値は温度によっても変化する．

(6) 直射日光によって老化し，強度も低下する．

8.2 各種連続繊維

土木材料として用いられる連続繊維のおもなものの性質を表 8.1 に示す．図 8.2 には各種繊維の引張強度と伸びの比較を示す．これらの連続繊維は鉄筋と比べて腐食をしないという特徴があるが，一方，これを見てもわかるように，これらの連続繊維は，降伏後の伸びがほとんどない．また，価格の点から言っても現在のところ高価である．

土木材料としての使用方法としては，繊維素材を1方向あるいは2方向に並べてシート状にし，構造物の表面に張り付ける〔**炭素繊維**（carbon fiber）〕，繊維素材を平行に束ねてエポキシ系やビニルエステル系の結合材で固め，ロッド状，ストランド状，組み紐状，あるいは格子状に成形して，PC鋼材や鉄筋の代わりに用いる〔炭素繊維，**アラミド繊維**（aramid fiber），**ガラス繊維**

表8.1 各種繊維素材の品質

諸元	炭素繊維				アラミド繊維			ガラス繊維		ポリビニルアルコール繊維
	PAN系		ピッチ系		ケプラー49	トワロン	テクノーラ	E-ガラス	耐アルカリガラス	高強力ビニロン
	高強度品	高弾性率品	汎用品	高弾性率品						
引張強度〔N/mm²〕	3 400	2 500～3 900	770～980	2 900～3 400	2 700	3 400	3 400～3 500	1 800～3 400	2 300	
ヤング係数〔kN/mm²〕	200～240	340～640	37～39	390～780	130	73	73～74	69～74	60	
伸び〔%〕	1.3～1.8	0.4～0.8	2.1～2.5	0.4～1.5	2.3	4.6	4.8	2～3	5.0	
密度〔g/cm³〕	1.7～1.8	1.8～2.0	1.6～1.7	1.9～2.1	1.45	1.39	2.6	2.27	1.30	
直径〔μm〕	5～8		9～18		12	12	8～12	8～12	14	

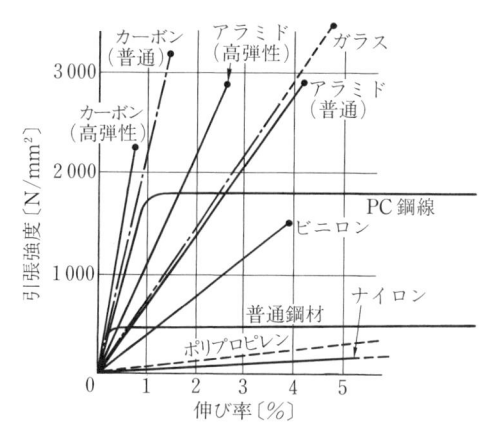

図8.2 各種繊維の引張強度と伸び

(glass fiber), **ビニロン繊維**（vinylon fiber; polyvinyl alcohol fiber)〕（**連続繊維補強材**という）等が一般的である。

8.3 各種金属材料

　土木材料として用いられる金属材料の大部分は鋼材であり，その他の金属材料の使用量はごく少ない．参考資料として，**表8.2**に各種の金属材料の特性を示す．

第8章　その他の土木材料

表 8.2　各種金属材料の特性

材料	質別	引張強度 [N/mm²]	耐力 [N/mm²]	伸び [%]	せん断力 [N/mm²]	弾性率 [kN/mm²]	密度	融点 [°C]	銅を100%とした電気伝導率	熱伝導率 [CGS単位]	熱膨張係数 [10⁻⁶/°C]
純　　　　銅	硬質	343	309	6	192	117	8.90	1065〜1083	100	0.93	16.8
〃	熱間圧延材	220	69	45	158	117	8.90	1065〜1083	100	0.93	16.8
黄　　　銅	硬質	521	309	7	295	103	8.46	904〜935	26	0.29	18.4
〃	軟質	343	123	60	226	103	8.46	904〜935	26	0.29	18.4
60/35 青銅	硬質	556	515	10	—	110	8.86	954〜1049	18	0.19	17.8
〃	軟質	322	130	64	—	110	8.86	954〜1049	18	0.19	17.8
50%Sn モ　ネ　ル	硬質	755	686	8	597	178	8.80	1299〜1349	3.6	0.06	14.0
〃	軟質	549	240	40	316	178	8.80	1299〜1349	3.6	0.06	14.0
1100アルミニウム	H18	166	152	5	89	67.9	2.71	616〜652	57	0.52	23.6
7075アルミニウム合金	T6	571	503	11	338	70.7	2.80	476〜638	30	0.29	23.6
純　　　鉄	板	350	213	21	288	192	7.65	1535	16	0.17	26.7
鋼	熱間圧延材	412	261	30	309	192	7.85	—	12	0.14	11.7
ステンレス鋼	軟質	617	274	55	460	199	7.90	1427〜1471	2.4	0.04	17.3
〃	硬質	1030	858	15	768	199	7.90	1427〜1471	2.1	0.04	17.3
チ　タ　ン 99.7		343	216	40	490	117	4.51	1820	3.6	0.04	8.4
ジルコニウム	スポンジZr	434	258	30	359	88.2	6.51	1740	3.8	0.03	5
亜　　　鉛	ダイカスト	274	178	5	213	—	6.64	419	27	0.27	27.4
マグネシウム合金AZ31	F材	216	108	7	140	44.6	1.80	510〜621	13	0.19	25.9

(日本金属学会：金属データブック，丸善 (1984))

第9章 結び

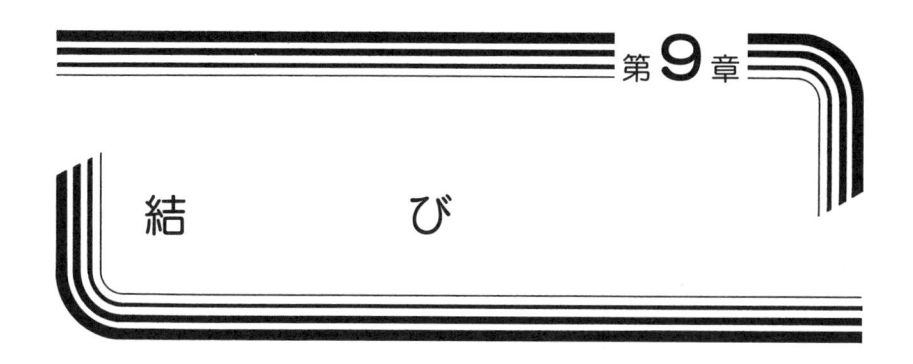

　土木で使用される材料には数多くのものがある。したがって，本書で述べた土木材料は，材料の種類からいえばそのうちのごく一部の物であり，土木材料のすべての種類のものをとり上げるためには，紙面がいくらあっても足りないことになる。一方，構造物をつくるような主材料のうちの使用量から考えると，大部分がここでとり上げた材料であるということもできる。したがって，土木材料としては，一般には本書でとり上げた程度の物をあらかじめ勉強しておき，ほかの物については必要になったときにそのつど調べればよいと思われる。

　初めにも述べたように，土木材料はほかの分野の材料と異なり，使用される環境が厳しく，また長期にわたって使用されることが多い。したがって，材料の耐久性の問題はたいへん重要である。それにもかかわらず，構造物をつくった後，耐久性に関して問題が出るのはかなり後になってからであるため，土木材料の選択や施工に関して耐久性を軽視する人が少なくない。今後は土木材料を学ぶ者は，このようなことのないよう耐久性の確保に真剣に取り組んでいただきたい。

付表

付表1 等辺山形鋼の標準断面寸法とその断面積,単位質量,断面特性 (JIS G 3192)

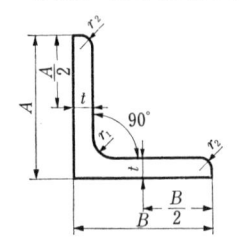

断面二次モーメント　　$I = ai^2$

断面二次半径　　　　　$i = \sqrt{I/a}$

断面係数　　　　　　　$Z = I/e$

(a = 断面積)

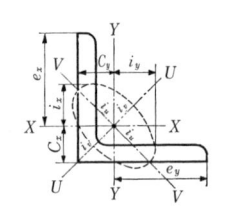

標準断面寸法 (mm)				断面積 (cm²)	単位質量 (kg/m)	参　考										
						重心の位置 (cm)		断面二次モーメント (cm⁴)				断面二次半径 (cm)				断面係数 (cm³)
$A \times B$	t	r_1	r_2			C_x	C_y	I_x	I_y	最大 I_u	最小 I_v	i_x	i_y	最大 i_u	最小 i_v	Z_x	Z_y
25×25	3	4	2	1.427	1.12	0.719	0.719	0.797	0.797	1.26	0.332	0.747	0.747	0.940	0.483	0.448	0.448
30×30	3	4	2	1.727	1.36	0.844	0.844	1.42	1.42	2.26	0.590	0.908	0.908	1.14	0.585	0.661	0.661
40×40	3	4.5	2	2.336	1.83	1.09	1.09	3.53	3.53	5.60	1.46	1.23	1.23	1.55	0.790	1.21	1.21
40×40	5	4.5	3	3.755	2.95	1.17	1.17	5.42	5.42	8.59	2.25	1.20	1.20	1.51	0.774	1.91	1.91
45×45	4	6.5	3	3.492	2.74	1.24	1.24	6.50	6.50	10.3	2.70	1.36	1.36	1.72	0.880	2.00	2.00
45×45	5	6.5	3	4.302	3.38	1.28	1.28	7.91	7.91	12.5	3.29	1.36	1.36	1.71	0.874	2.46	2.46
50×50	4	6.5	3	3.892	3.06	1.37	1.37	9.06	9.06	14.4	3.76	1.53	1.53	1.92	0.983	2.49	2.49
50×50	5	6.5	3	4.802	3.77	1.41	1.41	11.1	11.1	17.5	4.58	1.52	1.52	1.91	0.976	3.08	3.08
50×50	6	6.5	4.5	5.644	4.43	1.44	1.44	12.6	12.6	20.0	5.23	1.50	1.50	1.88	0.963	3.55	3.55
60×60	4	6.5	3	4.692	3.68	1.61	1.61	16.0	16.0	25.4	6.62	1.85	1.85	2.33	1.19	3.66	3.66
60×60	5	6.5	3	5.802	4.55	1.66	1.66	19.6	19.6	31.2	8.09	1.84	1.84	2.32	1.18	4.52	4.52
65×65	5	8.5	3	6.367	5.00	1.77	1.77	25.3	25.3	40.1	10.5	1.99	1.99	2.51	1.28	5.35	5.35
65×65	6	8.5	4	7.527	5.91	1.81	1.81	29.4	29.4	46.6	12.2	1.98	1.98	2.49	1.27	6.26	6.26
65×65	8	8.5	6	9.761	7.66	1.88	1.88	36.8	36.8	58.3	15.3	1.94	1.94	2.44	1.25	7.96	7.96
70×70	6	8.5	4	8.127	6.38	1.93	1.93	37.1	37.1	58.9	15.3	2.14	2.14	2.69	1.37	7.33	7.33
75×75	6	8.5	4	8.727	6.85	2.06	2.06	46.1	46.1	73.2	19.0	2.30	2.30	2.90	1.48	8.47	8.47
75×75	9	8.5	6	12.69	9.96	2.17	2.17	64.4	64.4	102	26.7	2.25	2.25	2.84	1.45	12.1	12.1
75×75	12	8.5	6	16.56	13.0	2.29	2.29	81.9	81.9	129	34.5	2.22	2.22	2.79	1.44	15.7	15.7
80×80	6	8.5	4	9.327	7.32	2.18	2.18	56.4	56.4	89.6	23.2	2.46	2.46	3.10	1.58	9.70	9.70
90×90	6	10	5	10.55	8.28	2.42	2.42	80.7	80.7	128	33.4	2.77	2.77	3.48	1.78	12.3	12.3
90×90	7	10	5	12.22	9.59	2.46	2.46	93.0	93.0	148	38.3	2.76	2.76	3.48	1.77	14.2	14.2
90×90	10	10	7	17.00	13.3	2.57	2.57	125	125	199	51.7	2.71	2.71	3.42	1.74	19.5	19.5
90×90	13	10	7	21.71	17.0	2.69	2.69	156	156	248	65.3	2.68	2.68	3.38	1.73	24.8	24.8
100×100	7	10	5	13.62	10.7	2.71	2.71	129	129	205	53.2	3.08	3.08	3.88	1.98	17.7	17.7
100×100	10	10	7	19.00	14.9	2.82	2.82	175	175	278	72.0	3.04	3.04	3.83	1.95	24.4	24.4
100×100	13	10	7	24.31	19.1	2.94	2.94	220	220	348	91.1	3.00	3.00	3.78	1.94	31.1	31.1
120×120	8	12	5	18.76	14.7	3.24	3.24	258	258	410	106	3.71	3.71	4.67	2.38	29.5	29.5
130×130	9	12	6	22.74	17.9	3.53	3.53	366	366	583	150	4.01	4.01	5.06	2.57	38.7	38.7
130×130	12	12	8.5	29.76	23.4	3.64	3.64	467	467	743	192	3.96	3.96	5.00	2.54	49.9	49.9
130×130	15	12	8.5	36.75	28.8	3.76	3.76	568	568	902	234	3.93	3.93	4.95	2.53	61.5	61.5
150×150	12	14	7	34.77	27.3	4.14	4.14	740	740	1180	304	4.61	4.61	5.82	2.96	68.1	68.1
150×150	15	14	10	42.74	33.6	4.24	4.24	888	888	1410	365	4.56	4.56	5.75	2.92	82.6	82.6
150×150	19	14	10	53.38	41.9	4.40	4.40	1090	1090	1730	451	4.52	4.52	5.69	2.91	103	103
175×175	12	15	11	40.52	31.8	4.73	4.73	1170	1170	1860	480	5.38	5.38	6.78	3.44	91.8	91.8
175×175	15	15	11	50.21	39.4	4.85	4.85	1440	1440	2290	589	5.35	5.35	6.75	3.42	114	114
200×200	15	17	12	57.75	45.3	5.46	5.46	2180	2180	3470	891	6.14	6.14	7.75	3.93	150	150
200×200	20	17	12	76.00	59.7	5.67	5.67	2820	2820	4490	1160	6.09	6.09	7.68	3.90	197	197
200×200	25	17	12	93.75	73.6	5.86	5.86	3420	3420	5420	1410	6.04	6.04	7.61	3.88	242	242
250×250	25	24	12	119.4	93.7	7.10	7.10	6950	6950	11000	2860	7.63	7.63	9.62	4.90	388	388
250×250	35	24	18	162.6	128	7.45	7.45	9110	9110	14500	3790	7.49	7.49	9.42	4.83	519	519

付表2 不等辺山形鋼の標準断面寸法とその断面積，単位質量，断面特性（JIS G 3192）

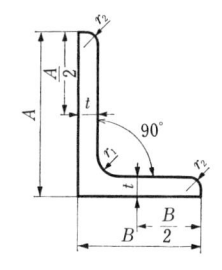

断面二次モーメント　　$I = ai^2$

断面二次半径　　　　　$i = \sqrt{I/a}$

断面係数　　　　　　　$Z = I/e$

　　　　　　　　　　　（a＝断面積）

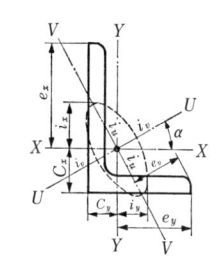

標準断面寸法 [mm]				断面積 [cm²]	単位質量 [kg/m]	参　考											
						重心の位置 [cm]		断面二次モーメント [cm⁴]				断面二次半径 [cm]				断面係数 [cm³]	
$A \times B$	t	r_1	r_2			C_x	C_y	I_x	I_y	最大 I_u	最小 I_v	i_x	i_y	最大 i_u	最小 i_v	tan α	Z_x	Z_y
90× 75	9	8.5	6	14.04	11.0	2.75	2.00	109	68.1	143	34.1	2.78	2.20	3.19	1.56	0.676	17.4	12.4
100× 75	7	10	5	11.87	9.32	3.06	1.83	118	56.9	144	30.8	3.15	2.19	3.49	1.61	0.548	17.0	10.0
100× 75	10	10	7	16.50	13.0	3.17	1.94	159	76.1	194	41.3	3.11	2.15	3.43	1.58	0.543	23.3	13.7
125× 75	7	10	5	13.62	10.7	4.10	1.64	219	60.4	243	36.4	4.01	2.11	4.23	1.64	0.362	26.1	10.3
125× 75	10	10	7	19.00	14.9	4.22	1.75	299	80.8	330	49.0	3.96	2.06	4.17	1.61	0.357	36.1	14.1
125× 75	13	10	7	24.31	19.1	4.35	1.87	376	101	415	61.9	3.93	2.04	4.13	1.60	0.352	46.1	17.9
125× 90	10	10	7	20.50	16.1	3.95	2.22	318	138	380	76.2	3.94	2.59	4.30	1.93	0.505	37.2	20.3
125× 90	13	10	7	26.26	20.6	4.07	2.34	401	173	477	96.3	3.91	2.57	4.26	1.91	0.501	47.5	25.9
150× 90	9	12	6	20.94	16.4	4.95	1.99	485	133	537	80.4	4.81	2.52	5.06	1.96	0.361	48.2	19.0
150× 90	12	12	8.5	27.36	21.5	5.07	2.10	619	167	685	102	4.76	2.47	5.00	1.93	0.357	62.3	24.3
150×100	9	12	6	21.84	17.1	4.76	2.30	502	181	579	104	4.79	2.88	5.15	2.18	0.439	49.1	23.5
150×100	12	12	8.5	28.56	22.4	4.88	2.41	642	228	738	132	4.74	2.83	5.09	2.15	0.435	63.4	30.1
150×100	15	12	8.5	35.25	27.7	5.00	2.53	782	276	897	161	4.71	2.80	5.04	2.14	0.431	78.2	37.0

付表 3 不等辺不等厚山形鋼の標準断面寸法とその断面積，単位質量，断面特性 (JIS G 3192)

断面二次モーメント　$I = ai^2$
断面二次半径　$i = \sqrt{I/a}$
断面係数　$Z = I/e$
（a＝断面積）

標準断面寸法 [mm]						断面積 [cm²]	単位質量 [kg/m]	重心の位置 [cm]		断面二次モーメント [cm⁴]				断面二次半径 [cm]				$\tan \alpha$	断面係数 [cm³]	
$A \times B$	t_1	t_2	r_1	r_2				C_x	C_y	I_x	I_y	最大 I_u	最小 I_v	i_x	i_y	最大 i_u	最小 i_v		Z_x	Z_y
200×90	9	14	14	7	29.66	23.3	6.36	2.15	1210	200	1290	125	6.39	2.60	6.58	2.05	0.263	88.7	29.2
250×90	10	15	17	8.5	37.47	29.4	8.61	1.92	2440	223	2520	147	8.08	2.44	8.20	1.98	0.182	149	31.5
250×90	12	16	17	8.5	42.95	33.7	8.99	1.89	2790	238	2870	160	8.07	2.35	8.18	1.93	0.173	174	33.5
300×90	11	16	19	9.5	46.22	36.3	11.0	1.76	4370	245	4440	168	9.72	2.30	9.80	1.90	0.136	229	33.8
300×90	13	17	19	9.5	52.67	41.3	11.3	1.75	4940	259	5020	181	9.68	2.22	9.76	1.85	0.128	265	35.8
350×100	12	17	22	11	57.74	46.3	13.0	1.87	7440	362	7550	251	11.3	2.50	11.4	2.08	0.124	338	44.5
400×100	13	18	24	12	68.59	53.8	15.4	1.77	11500	388	11600	277	12.9	2.38	13.0	2.01	0.0996	467	47.1

付表 4　I形鋼の標準断面寸法とその断面積，単位質量，断面特性（JIS G 3192）

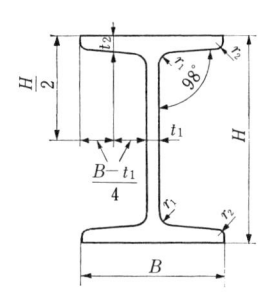

断面二次モーメント　$I = ai^2$
断面二次半径　$i = \sqrt{I/a}$
断面係数　$Z = I/e$
（a = 断面積）

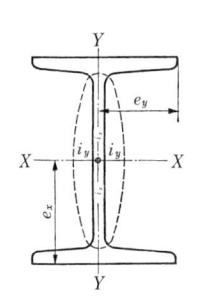

標準断面寸法 [mm]					断面積 [cm²]	単位質量 [kg/m]	参考							
							重心の位置 [cm]		断面二次モーメント [cm⁴]		断面二次半径 [cm]		断面係数 [cm³]	
$H \times B$	t_1	t_2	r_1	r_2			C_x	C_y	I_x	I_y	i_x	i_y	Z_x	Z_y
100× 75	5	8	7	3.5	16.43	12.9	0	0	281	47.3	4.14	1.70	56.2	12.6
125× 75	5.5	9.5	9	4.5	20.45	16.1	0	0	538	57.5	5.13	1.68	86.0	15.3
150× 75	5.5	9.5	9	4.5	21.83	17.1	0	0	819	57.5	6.12	1.62	109	15.3
150×125	8.5	14	13	6.5	46.15	36.2	0	0	1 760	385	6.18	2.89	235	61.6
180×100	6	10	10	5	30.06	23.6	0	0	1 670	138	7.45	2.14	186	27.5
200×100	7	10	10	5	33.06	26.0	0	0	2 170	138	8.11	2.05	217	27.7
200×150	9	16	15	7.5	64.16	50.4	0	0	4 460	753	8.34	3.43	446	100
250×125	7.5	12.5	12	6	48.79	38.3	0	0	5 180	337	10.3	2.63	414	53.9
250×125	10	19	21	10.5	70.73	55.5	0	0	7 310	538	10.2	2.76	585	86.0
300×150	8	13	12	6	61.58	48.3	0	0	9 480	588	12.4	3.09	632	78.4
300×150	10	18.5	19	9.5	83.47	65.5	0	0	12 700	886	12.3	3.26	849	118
300×150	11.5	22	23	11.5	97.88	76.8	0	0	14 700	1 080	12.2	3.32	978	143
350×150	9	15	13	6.5	74.58	58.5	0	0	15 200	702	14.3	3.07	870	93.5
350×150	12	24	25	12.5	111.1	87.2	0	0	22 400	1 180	14.2	3.26	1 280	158
400×150	10	18	17	8.5	91.73	72.0	0	0	24 100	864	16.2	3.07	1 200	115
400×150	12.5	25	27	13.5	122.1	95.8	0	0	31 500	1 240	16.1	3.18	1 580	165
450×175	11	20	19	9.5	116.8	91.7	0	0	39 200	1 510	18.3	3.60	1 740	173
450×175	13	26	27	13.5	146.1	115	0	0	48 800	2 020	18.3	3.72	2 170	231
600×190	13	25	25	12.5	169.4	133	0	0	98 400	2 460	24.1	3.81	3 280	259
600×190	16	35	38	19	224.5	176	0	0	130 000	3 540	24.1	3.97	4 330	373

付表5 みぞ形鋼の標準断面寸法とその断面積，単位質量，断面特性（JIS G 3192）

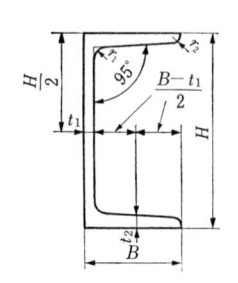

断面二次モーメント　　$I = ai^2$

断面二次半径　　　　　$i = \sqrt{I/a}$

断面係数　　　　　　　$Z = I/e$

（a＝断面積）

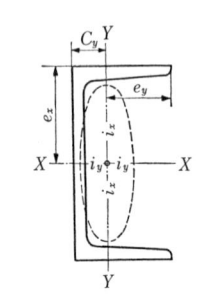

標準断面寸法〔mm〕					断面積〔cm²〕	単位質量〔kg/m〕	参　考						
							重心の位置〔cm〕		断面二次モーメント〔cm⁴〕		断面二次半径〔cm〕		断面係数〔cm³〕	
$H \times B$	t_1	t_2	r_1	r_2			C_x	C_y	I_x	I_y	i_x	i_y	Z_x	Z_y
75× 40	5	7	8	4	8.818	6.92	0	1.28	75.3	12.2	2.92	1.17	20.1	4.47
100× 50	5	7.5	8	4	11.92	9.36	0	1.54	188	26.0	3.97	1.48	37.6	7.52
125× 65	6	8	8	4	17.11	13.4	0	1.90	424	61.8	4.98	1.90	67.8	13.4
150× 75	6.5	10	10	5	23.71	18.6	0	2.28	861	117	6.03	2.22	115	22.4
150× 75	9	12.5	15	7.5	30.59	24.0	0	2.31	1 050	147	5.86	2.19	140	28.3
180× 75	7	10.5	11	5.5	27.20	21.4	0	2.13	1 380	131	7.12	2.19	153	24.3
200× 80	7.5	11	12	6	31.33	24.6	0	2.21	1 950	168	7.88	2.32	195	29.1
200× 90	8	13.5	14	7	38.65	30.3	0	2.74	2 490	277	8.02	2.68	249	44.2
250× 90	9	13	14	7	44.07	34.6	0	2.40	4 180	294	9.74	2.58	334	44.5
250× 90	11	14.5	17	8.5	51.17	40.2	0	2.40	4 680	329	9.56	2.54	374	49.9
300× 90	9	13	14	7	48.57	38.1	0	2.22	6 440	309	11.5	2.52	429	45.7
300× 90	10	15.5	19	9.5	55.74	43.8	0	2.34	7 410	360	11.5	2.54	494	54.1
300× 90	12	16	19	9.5	61.90	48.6	0	2.28	7 870	379	11.3	2.48	525	56.4
380×100	10.5	16	18	9	69.39	54.5	0	2.41	14 500	535	14.5	2.78	763	70.5
380×100	13	16.5	18	9	78.96	62.0	0	2.33	15 600	565	14.1	2.67	823	73.6
380×100	13	20	24	12	85.71	67.3	0	2.54	17 600	655	14.3	2.76	926	87.8

付表 **193**

付表 6 球平形鋼の標準断面寸法とその断面積，単位質量，断面特性 (JIS G 3192)

断面二次モーメント　$I = ai^2$
断面二次半径　$i = \sqrt{I/a}$
断面係数　$Z = I/e$
（$a =$ 断面積）

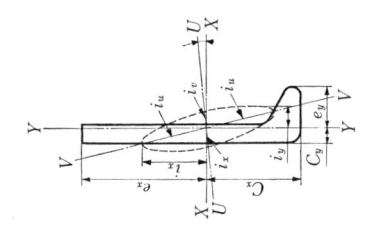

標準断面寸法 [mm]					断面積 [cm²]	単位質量 [kg/m]	重心の位置 [cm]		断面二次モーメント [cm⁴]				参考 断面二次半径 [cm]				tan α	断面係数 [cm³]	
A	d	t	r_1	r_2			C_x	C_y	I_x	I_y	最大 I_u	最小 I_v	i_x	i_y	最大 i_u	最小 i_v		Z_x	Z_y
180	23	9.5	7	2	21.06	16.5	7.49	0.746	671	9.48	673	7.34	5.64	0.671	5.65	0.591	0.0568	63.8	3.79
200	26.5	10	8	2	25.23	19.8	8.16	0.834	997	15.1	1000	11.4	6.29	0.773	6.30	0.672	0.0611	84.2	5.35
230	30	11	9	2	31.98	25.1	9.36	0.927	1680	24.2	1680	18.3	7.24	0.870	7.25	0.755	0.0599	123	7.62
250	33	12	10	2	38.13	29.9	10.1	1.02	2360	35.2	2370	26.4	7.87	0.960	7.88	0.832	0.0612	159	10.1

付表7 T形鋼の標準断面寸法とその断面積，単位質量，断面特性（JIS G 3192）

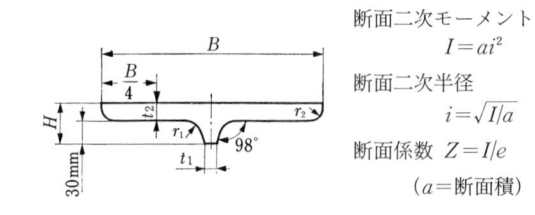

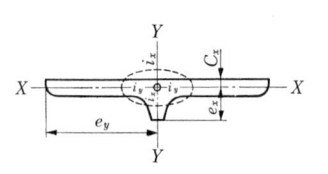

断面二次モーメント
$$I = ai^2$$

断面二次半径
$$i = \sqrt{I/a}$$

断面係数 $Z = I/e$

（a＝断面積）

呼称寸法 $B \times t_2$	標準断面寸法 [mm]					断面積 [cm²]	単位質量 [kg/m]	参 考							
								重心の位置 [cm]		断面二次モーメント [cm⁴]		断面二次半径 [cm]		断面係数 [cm³]	
	B	H	t_1	r_1	r_2			C_x	C_y	I_x	I_y	i_x	i_y	Z_x	Z_y
150× 9	150	39	12	9	8	3	18.52	14.5	0.934	0	16.5	254	0.942	3.70	5.55	33.8
150×12	150	42	12	12	8	3	23.02	18.1	1.02	0	20.7	338	0.949	3.83	6.52	45.1
150×15	150	45	12	15	8	3	27.52	21.6	1.13	0	25.9	423	0.971	3.92	7.70	56.4
200×12	200	42	12	12	8	3	29.02	22.8	0.935	0	22.3	799	0.877	5.25	6.83	79.9
200×16	200	46	12	16	8	3	37.02	29.1	1.09	0	30.5	1 070	0.907	5.37	8.68	107
200×19	200	49	12	19	8	3	43.02	33.8	1.22	0	38.5	1 270	0.946	5.43	10.4	127
200×22	200	52	12	22	8	3	49.02	38.5	1.35	0	48.3	1 470	0.993	5.47	12.6	147
250×16	250	46	12	16	20	3	46.05	36.2	1.06	0	33.6	2 080	0.854	6.72	9.49	167
250×19	250	49	12	19	20	3	53.55	42.0	1.19	0	43.1	2 470	0.897	6.80	11.6	198
250×22	250	52	12	22	20	3	61.05	47.9	1.35	0	55.0	2 870	0.949	6.85	14.2	229
250×25	250	55	12	25	20	3	68.55	53.8	1.46	0	69.6	3 260	1.01	6.90	17.2	261

付表 8　H形鋼の標準断面寸法とその断面積，単位質量，断面特性（JIS G 3192）

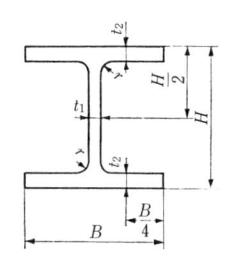

断面二次モーメント　$I = ai^2$
断面二次半径　$i = \sqrt{I/a}$
断面係数　$Z = I/e$
（a＝断面積）

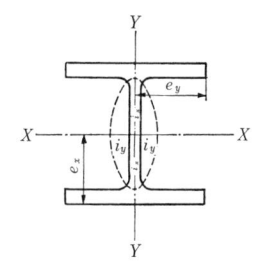

呼称寸法 (高さ×辺)	標準断面寸法 〔mm〕				断面積 〔cm²〕	単位質量 〔kg/m〕	参考					
	$H \times B$	t_1	t_2	r			断面二次モーメント 〔cm⁴〕		断面二次半径 〔cm〕		断面係数 〔cm³〕	
							I_x	I_y	i_x	i_y	Z_x	Z_y
100× 50	100× 50	5	7	8	11.85	9.3	187	14.8	3.98	1.12	37.5	5.91
100×100	100×100	6	8	10	21.90	17.2	383	134	4.18	2.47	76.5	26.7
125× 60	125× 60	6	8	9	16.84	13.2	413	29.2	4.95	1.32	66.1	9.73
125×125	125×125	6.5	9	10	30.31	23.8	847	293	5.29	3.11	136	47.0
150× 75	150× 75	5	7	8	17.85	14.0	666	49.5	6.11	1.66	88.8	13.2
150×100	148×100	6	9	11	26.84	21.1	1 020	151	6.17	2.37	138	30.1
150×150	150×150	7	10	11	40.14	31.5	1 640	563	6.39	3.75	219	75.1
175× 90	175× 90	5	8	9	23.04	18.1	1 210	97.5	7.26	2.06	139	21.7
175×175	175×175	7.5	11	12	51.21	40.2	2 880	984	7.50	4.38	330	112
200×100	198× 99	4.5	7	11	23.18	18.2	1 580	114	8.26	2.21	160	23.0
	200×100	5.5	8	11	27.16	21.3	1 840	134	8.24	2.22	184	26.8
200×150	194×150	6	9	13	39.01	30.6	2 690	507	8.30	3.61	277	67.6
200×200	200×200	8	12	13	63.53	49.9	4 720	1 600	8.62	5.02	472	160
	*200×204	12	12	13	71.53	56.2	4 980	1 700	8.35	4.88	498	167
250×125	248×124	5	8	12	32.68	25.7	3 540	255	10.4	2.79	285	41.1
	250×125	6	9	12	37.66	29.6	4 050	294	10.4	2.79	324	47.0
250×175	244×175	7	11	16	56.24	44.1	6 120	984	10.4	4.18	502	113
250×250	250×250	9	14	16	92.18	72.4	10 800	3 650	10.8	6.29	867	292
	*250×255	14	14	16	104.7	82.2	11 500	3 880	10.5	6.09	919	304
300×150	298×149	5.5	8	13	40.80	32.0	6 320	442	12.4	3.29	424	59.3
	300×150	6.5	9	13	46.78	36.7	7 210	508	12.4	3.29	481	67.7

付表8 （続き）

呼称寸法 (高さ×辺)	標準断面寸法 [mm]				断面積 [cm²]	単位質量 [kg/m]	参考					
							断面二次モーメント [cm⁴]		断面二次半径 [cm]		断面係数 [cm³]	
	$H \times B$	t_1	t_2	r			I_x	I_y	i_x	i_y	Z_x	Z_y
300×200	294×200	8	12	18	72.38	56.8	11 300	1 600	12.5	4.71	771	160
300×300	*294×302	12	12	18	107.7	84.5	16 900	5 520	12.5	7.18	1 150	365
	300×300	10	15	18	119.8	94.0	20 400	6 750	13.1	7.51	1 360	450
	300×305	15	15	18	134.8	106	21 500	7 100	12.6	7.26	1 440	466
350×175	346×174	6	9	14	52.68	41.4	11 100	792	14.5	3.88	641	91.0
	350×175	7	11	14	63.14	49.6	13 600	984	14.7	3.95	775	112
350×250	340×250	9	14	20	101.5	79.7	21 700	3 650	14.6	6.00	1 280	292
350×350	*344×348	10	16	20	146.0	115	33 300	11 200	15.1	8.78	1 940	646
	350×350	12	19	20	173.9	137	40 300	13 600	15.2	8.84	2 300	776
400×200	396×199	7	11	16	72.16	56.6	20 000	1 450	16.7	4.48	1 010	145
	400×200	8	13	16	84.12	66.0	23 700	1 740	16.8	4.54	1 190	174
400×300	390×300	10	16	22	136.0	107	38 700	7 210	16.9	7.28	1 980	481
400×400	*388×402	15	15	22	178.5	140	49 000	16 300	16.6	9.54	2 520	809
	*394×398	11	18	22	186.8	147	56 100	18 900	17.3	10.1	2 850	951
	400×400	13	21	22	218.7	172	66 600	22 400	17.5	10.1	3 330	1 120
	*400×408	21	21	22	250.7	197	70 900	23 800	16.8	9.75	3 540	1 170
	*414×405	18	28	22	295.4	232	92 800	31 000	17.7	10.2	4 480	1 530
	*428×407	20	35	22	360.7	283	119 000	39 400	18.2	10.4	5 570	1 930
	*458×417	30	50	22	528.6	415	187 000	60 500	18.8	10.7	8 170	2 900
	*498×432	45	70	22	770.1	605	298 000	94 400	19.7	11.1	12 000	4 370
450×200	446×199	8	12	18	84.30	66.2	28 700	1 580	18.5	4.33	1 290	159
	450×200	9	14	18	96.76	76.0	33 500	1 870	18.6	4.40	1 490	187
450×300	440×200	11	18	24	157.4	124	56 100	8 110	18.9	7.18	2 550	541
500×200	496×199	9	14	20	101.3	79.5	41 900	1 840	20.3	4.27	1 690	185
	500×200	10	16	20	114.2	89.6	47 800	2 140	20.5	4.33	1 910	214
	*506×201	11	19	20	131.3	103	56 500	2 580	20.7	4.43	2 230	257
500×300	482×300	11	15	26	145.5	114	60 400	6 760	20.4	6.82	2 500	451
	488×300	11	18	26	163.5	128	71 000	8 110	20.8	7.04	2 910	541

付表 8 （続き）

呼称寸法 (高さ×辺)	標準断面寸法〔mm〕				断面積〔cm²〕	単位質量〔kg/m〕	参考					
							断面二次モーメント〔cm⁴〕		断面二次半径〔cm〕		断面係数〔cm³〕	
	$H \times B$	t_1	t_2	r			I_x	I_y	i_x	i_y	Z_x	Z_y
600×200	596×199	10	15	22	120.5	94.6	68 700	1 980	23.9	4.05	2 310	199
	600×200	11	17	22	134.4	106	77 600	2 280	24.0	4.12	2 590	228
	*606×201	12	20	22	152.5	120	90 400	2 720	24.3	4.22	2 980	271
600×300	582×300	12	17	28	174.5	137	103 000	7 670	24.3	6.63	3 530	511
	588×300	12	20	28	192.5	151	118 000	9 020	24.8	6.85	4 020	601
	*594×302	14	23	28	222.4	175	137 000	10 600	24.9	6.90	4 620	701
700×300	*692×300	13	20	28	211.5	166	172 000	9 020	28.6	6.53	4 980	602
	700×300	13	24	28	235.5	185	201 000	10 800	29.3	6.78	5 760	722
800×300	*792×300	14	22	28	243.4	191	254 000	9 930	32.3	6.39	6 410	662
	800×300	14	26	28	267.4	210	292 000	11 700	33.0	6.62	7 290	782
900×300	*890×299	15	23	28	270.9	213	345 000	10 300	35.7	6.16	7 760	688
	900×300	16	28	28	309.8	243	411 000	12 600	36.4	6.39	9 140	843
	*912×302	18	34	28	364.0	286	498 000	15 700	37.0	6.56	10 900	1 040

（備考） 1．呼称寸法の同一枠内に属するものは，内のり高さが一定である。
　　　　 2．*印以外の寸法は，はん用品を示す。

付表9 鉄筋コンクリート用異形棒鋼の寸法・質量 (JIS G 3112)

呼び名	公称直径 d 〔mm〕	公称周長 l 〔cm〕	公称断面積 S 〔cm²〕	単位質量 〔kg/m〕	ふしの平均間隔の最大値 〔mm〕	ふしの高さ 最小値 〔mm〕	ふしの高さ 最大値 〔mm〕	ふしのすきまの和の最大値 〔mm〕	節と軸線との角度
D4	4.23	1.3	0.140 5	0.110	3.0	0.2	0.4	3.3	
D5	5.29	1.7	0.219 8	0.173	3.7	0.2	0.4	4.3	
D6	6.35	2.0	0.316 7	0.249	4.4	0.3	0.6	5.0	
D8	7.94	2.5	0.495 1	0.389	5.6	0.3	0.6	6.3	
D6	6.35	2.0	0.316 7	0.249	4.4	0.3	0.6	5.0	
D10	9.53	3.0	0.713 3	0.560	6.7	0.4	0.8	7.5	
D13	12.7	4.0	1.267	0.995	8.9	0.5	1.0	10.0	
D16	15.9	5.0	1.986	1.56	11.1	0.7	1.4	12.5	45度以上
D19	19.1	6.0	2.865	2.25	13.4	1.0	2.0	15.0	
D22	22.2	7.0	3.871	3.04	15.5	1.1	2.2	17.5	
D25	25.4	8.0	5.067	3.98	17.8	1.3	2.6	20.0	
D29	28.6	9.0	6.424	5.04	20.0	1.4	2.8	22.5	
D32	31.8	10.0	7.942	6.23	22.3	1.6	3.2	25.0	
D35	34.9	11.0	9.566	7.51	24.4	1.7	3.4	27.5	
D38	38.1	12.0	11.40	8.95	26.7	1.9	3.8	30.0	
D41	41.3	13.0	13.40	10.5	28.9	2.1	4.2	32.5	
D51	50.8	16.0	20.27	15.9	35.6	2.5	5.0	40.0	

(備考) 1. 公称断面積，公称周長及び単位質量の算出方法は，次による。
なお，公称断面積 (S) は有効数字4けたに丸め，公称周長 (l) は小数点以下1けたに丸め，単位質量は有効数字3けたに丸める。

$$公称断面積(S) = \frac{0.785\,4 \times d^2}{100}$$

公称周長 $(l) = 0.314\,2 \times d$

単位質量 $= 0.785 \times S$

2. 節の間隔は，その公称直径の 70% 以下とし，算出値を小数点以下1けたに丸める。
3. 節のすき間*の合計は，公称周長の 25% 以下とし，算出値を小数点以下1けたに丸める。
   * リブと節とが離れている場合，及びリブがない場合には節の欠損部の幅を，また，節とリブとが接続している場合にはリブの幅を，それぞれ節のすき間とする。
4. 節の高さは次の表によるものとし，算出値を小数点以下1けたに丸める。

寸法		節の高さ	
		最 小	最 大
呼び名 D13 以下		公称直径の 4.0%	最小値の2倍
呼び名 D13 を超え	D19 未満	公称直径の 4.5%	最小値の2倍
呼び名 D19 以上		公称直径の 5.0%	最小値の2倍

付表 10　PC 鋼線および PC 鋼より線の公称断面積（JIS G 3536）

記　号	呼　び　名	公称断面積 〔mm²〕	単位質量 〔kg/km〕
SWPR1AN SWPR1AL SWPR1BN SWPR1BL SWPD1N SWPD1L	2.9 mm	6.605	51.8
	4 mm	12.57	98.7
	5 mm	19.64	154
	6 mm	28.27	222
	7 mm	38.48	302
	8 mm	50.27	395
	9 mm	63.62	499
SWPR2N SWPR2L	2.9 mm 2 本より	13.21	104
SWPD3N SWPD3L	2.9 mm 3 本より	19.82	156
SWPR7AN SWPR7AL	7 本より　9.3 mm	51.61	405
	7 本より 10.8 mm	69.68	546
	7 本より 12.4 mm	92.90	729
	7 本より 15.2 mm	138.7	1 101
SWPR7BN SWPR7BL	7 本より　9.5 mm	54.84	432
	7 本より 11.1 mm	74.19	580
	7 本より 12.7 mm	98.71	774
	7 本より 15.2 mm	138.7	1 101
SWPR19N SWPR19L	19 本より 17.8 mm	208.4	1 652
	19 本より 19.3 mm	243.7	1 931
	19 本より 20.3 mm	270.9	2 149
	19 本より 21.8 mm	312.9	2 482
	19 本より 28.6 mm	532.4	4 229

付表 11 H形鋼ぐいの形状寸法(JIS A 5526)

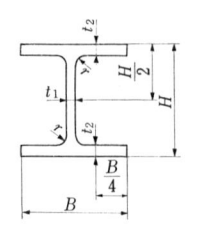

断面二次モーメント $I = ai^2$
断面二次半径 $i = \sqrt{I/A}$
断面係数 $Z = I/e$
ここに，A：断面積

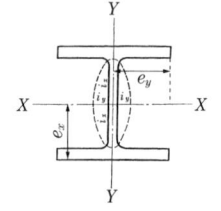

断面寸法 [mm]					断面積	単位質量	参考						表面積
呼称寸法	$H \times B$	t_1	t_2	r	A [cm²]	W (kg/m)	断面二次モーメント I [cm⁴]		断面二次半径 i [cm]		断面係数 Z [cm³]		[m²/m]
							I_x	I_y	i_x	i_y	Z_x	Z_y	
200×200	200×200	8	12	13	63.53	49.9	4 720	1 600	8.62	5.02	472	160	1.16
250×250	250×250	9	14	13	91.43	71.8	10 700	3 650	10.8	6.32	860	292	1.46
300×300	300×300	10	15	13	118.5	93.0	20 200	6 750	13.1	7.55	1 350	450	1.76
350×350	344×348	10	16	13	144.0	113	32 800	11 240	15.1	8.84	1 910	646	2.04
350×350	350×350	12	19	13	171.9	135	39 800	13 600	15.2	8.89	2 280	776	2.05
400×400	400×400	13	21	22	218.7	172	66 600	22 400	17.5	10.1	3 330	1 120	2.34
400×400	400×408	21	21	22	250.7	197	70 900	23 800	16.8	9.75	3 540	1 170	2.35
400×400	414×405	18	28	22	295.4	232	92 800	31 000	17.7	10.2	4 480	1 530	2.37
400×400	428×407	20	35	22	360.7	283	119 000	39 400	18.2	10.4	5 570	1 930	2.41
400×400	458×417	30	50	22	528.6	415	187 000	60 500	18.8	10.7	8 170	2 900	2.49
400×400	498×432	45	70	22	770.1	605	298 000	94 400	19.7	11.1	12 000	4 370	2.60
500×500	500×500	25	25	26	368.3	289	163 000	52 200	21.0	11.9	6 520	2 090	2.91

付表12 鋼管ぐいの単管の寸法 (JIS A 5525)

外径 D [mm]	厚さ t [mm]	断面積 A [cm²]	単位質量 W [kg/m]	参考			
				断面二次モーメント I [cm⁴]	断面係数 Z [mm³]	断面二次半径 i [cm]	外側表面積 [m²/m]
318.5	6.9	67.5	53.0	820×10	51.5×10	11.0	1.00
	10.3	99.7	78.3	119×10^2	74.4×10	10.9	1.00
355.6	6.4	70.2	55.1	107×10^2	60.2×10	12.4	1.12
	7.9	86.3	67.7	130×10^2	73.4×10	12.3	1.12
	11.1	120.1	94.3	178×10^2	100.3×10	12.2	1.12
400	9	110.6	86.8	211×10^2	105.7×10	13.8	1.26
	12	146.3	115	276×10^2	137.8×10	13.7	1.26
406.4	9	112.4	88.2	222×10^2	109.2×10	14.1	1.28
	12	148.7	117	289×10^2	142.4×10	14.0	1.28
500	9	138.8	109	418×10^2	167×10	17.4	1.57
	12	184.0	144	548×10^2	219×10	17.3	1.57
	14	213.8	168	632×10^2	253×10	17.2	1.57
508.0	9	141.1	111	439×10^2	173×10	17.6	1.60
	12	187.0	147	575×10^2	227×10	17.5	1.60
	14	217.3	171	663×10^2	261×10	17.5	1.60
600	9	167.1	131	730×10^2	243×10	20.9	1.88
	12	221.7	174	958×10^2	319×10	20.8	1.88
	14	257.7	202	111×10^3	369×10	20.7	1.88
	16	293.6	230	125×10^3	417×10	20.7	1.88
609.6	9	169.8	133	766×10^3	251×10	21.2	1.92
	12	225.3	177	101×10^3	330×10	21.1	1.92
	14	262.0	206	116×10^3	381×10	21.1	1.92
	16	298.4	234	132×10^3	431×10	21.0	1.92
700	9	195.4	153	117×10^3	333×10	24.4	2.20
	12	259.4	204	154×10^3	439×10	24.3	2.20
	14	301.7	237	178×10^3	507×10	24.3	2.20
	16	343.8	270	201×10^3	575×10	24.2	2.20
711.2	9	198.5	156	122×10^3	344×10	24.8	2.23
	12	263.6	207	161×10^3	453×10	24.7	2.23
	14	306.6	241	186×10^3	524×10	24.7	2.23
	16	349.4	274	211×10^3	594×10	24.6	2.23
800	9	223.6	176	175×10^3	437×10	28.0	2.51
	12	297.1	233	231×10^3	577×10	27.9	2.51
	14	345.7	271	267×10^3	668×10	27.8	2.51
	16	394.1	309	303×10^3	757×10	27.7	2.51
812.8	9	272.3	178	184×10^3	452×10	28.4	2.55
	12	301.9	237	242×10^3	596×10	28.3	2.55
	14	351.3	276	280×10^3	690×10	28.2	2.55
	16	400.5	314	318×10^3	782×10	28.2	2.55
900	12	334.8	263	330×10^3	733×10	31.4	2.83
	14	389.7	306	382×10^3	850×10	31.3	2.83
	16	444.3	349	434×10^3	965×10	31.3	2.83
	19	525.9	413	510×10^3	113×10^2	31.2	2.83

付表12 (続き)

外径 D [mm]	厚さ t [mm]	断面積 A [cm²]	単位質量 W [kg/m]	参考			外側表面積 [m²/m]
				断面二次モーメント I [cm⁴]	断面係数 Z [mm³]	断面二次半径 i [cm]	
914.4	12	340.2	267	346×10^3	758×10	31.9	2.87
	14	396.0	311	401×10^3	878×10	31.8	2.87
	16	451.6	354	456×10^3	997×10	31.8	2.87
	19	534.5	420	536×10^3	117×10^2	31.7	2.87
1 000	12	372.5	292	455×10^3	909×10	34.9	3.14
	14	433.7	340	527×10^3	105×10^2	34.9	3.14
	16	494.6	388	599×10^3	120×10^2	34.8	3.14
	19	585.6	460	705×10^3	140×10^2	34.7	3.14
1 016.0	12	378.5	297	477×10^3	939×10	35.5	3.19
	14	440.7	346	553×10^3	109×10^2	35.4	3.19
	16	502.7	395	628×10^3	124×10^2	35.4	3.19
	19	595.1	467	740×10^3	146×10^2	35.3	3.19
1 100	12	410.2	322	607×10^3	110×10^2	38.5	3.46
	14	477.6	375	704×10^3	128×10^2	38.4	3.46
	16	544.9	428	800×10^3	146×10^2	38.3	3.46
	19	645.3	506	943×10^3	171×10^2	38.2	3.46
1 117.6	12	416.8	327	637×10^3	114×10^2	39.1	3.51
	14	485.4	381	739×10^3	132×10^2	39.0	3.51
	16	553.7	435	840×10^3	150×10^2	39.0	3.51
	19	655.8	515	990×10^3	177×10^2	38.8	3.51
1 200	14	521.6	409	917×10^3	153×10^2	41.9	3.77
	16	595.1	467	104×10^4	174×10^2	41.9	3.77
	19	704.9	553	123×10^4	205×10^2	41.8	3.77
	22	814.2	639	141×10^4	235×10^2	41.7	3.77
1 219.2	14	530.1	416	963×10^3	158×10^2	42.6	3.83
	16	604.8	475	109×10^4	180×10^2	42.5	3.83
	19	716.4	562	129×10^4	212×10^2	42.4	3.83
	22	827.4	650	148×10^4	243×10^2	42.3	3.83
1 300	14	565.6	444	117×10^4	180×10^2	45.5	4.08
	16	645.4	507	133×10^4	205×10^2	45.4	4.08
	19	764.6	600	157×10^4	241×10^2	45.3	4.08
	22	883.3	693	180×10^4	278×10^2	45.2	4.08
1 320.8	14	574.8	451	123×10^4	186×10^2	46.2	4.15
	16	655.9	515	140×10^4	211×10^2	46.1	4.15
	19	777.0	610	165×10^4	249×10^2	46.0	4.15
	22	897.7	705	189×10^4	287×10^2	45.9	4.15
1 400	14	609.6	478	146×10^4	209×10^2	49.0	4.40
	16	695.7	546	167×10^4	238×10^2	48.9	4.40
	19	824.3	647	197×10^4	281×10^2	48.8	4.40
	22	952.4	748	226×10^4	323×10^2	48.7	4.40
1 422.4	14	619.4	486	154×10^4	216×10^2	49.8	4.47
	16	706.9	555	175×10^4	246×10^2	49.7	4.47
	19	837.7	658	206×10^4	290×10^2	49.6	4.47
	22	967.9	760	237×10^4	334×10^2	49.5	4.47

付表 12 （続き）

外径 D [mm]	厚さ t [mm]	断面積 A [cm²]	単位質量 W [kg/m]	参考 断面二次モーメント I [cm⁴]	断面係数 Z [mm³]	断面二次半径 i [cm]	外側表面積 [m²/m]
1 500	16	745.9	586	205×10^4	274×10^2	52.5	4.71
	19	884.0	694	242×10^4	323×10^2	52.4	4.71
	22	1 021.5	802	279×10^4	372×10^2	52.3	4.71
	25	1 158.5	909	315×10^4	420×10^2	52.2	4.71
1 524.0	16	758.0	595	215×10^4	283×10^2	53.3	4.79
	19	898.3	705	254×10^4	334×10^2	53.2	4.79
	22	1 038.1	815	293×10^4	384×10^2	53.1	4.79
	25	1 177.3	924	330×10^4	434×10^2	53.0	4.79
1 600	16	796.2	625	250×10^4	312×10^2	56.0	5.03
	19	943.7	741	295×10^4	369×10^2	55.9	5.03
	22	1 090.6	856	340×10^4	424×10^2	55.8	5.03
	25	1 237.0	971	384×10^4	480×10^2	55.7	5.03
1 625.6	16	809.1	635	262×10^4	322×10^2	56.9	5.11
	19	959.0	753	309×10^4	381×10^2	56.8	5.11
	22	1 108.3	870	356×10^4	438×10^2	56.7	5.11
	25	1 257.1	987	403×10^4	495×10^2	56.6	5.11
1 800	19	1 063.1	834	422×10^4	468×10^2	62.9	5.65
	22	1 228.9	965	486×10^4	540×10^2	62.9	5.65
	25	1 394.1	1 094	549×10^4	610×10^2	62.8	5.65
2 000	22	1 367.1	1 073	669×10^4	669×10^2	69.9	6.28
	25	1 551.2	1 218	756×10^4	756×10^2	69.8	6.28

（備考） 質量の数値は1 cm²の鋼を7.85 gとし，次の式によって計算し，JIS Z 8401（数値の丸め方）により有効数字3けた（1 000 kg/m以上は4けた）に丸めたものである。
$$W = 0.024\,66\,t\,(D-t)$$
ここに，W：管の質量〔kg/m〕，t：管の厚さ〔mm〕，D＝管の外径〔mm〕

付表13 摩擦接合用高力六角ボルトの形状寸法 (JIS B 1186)

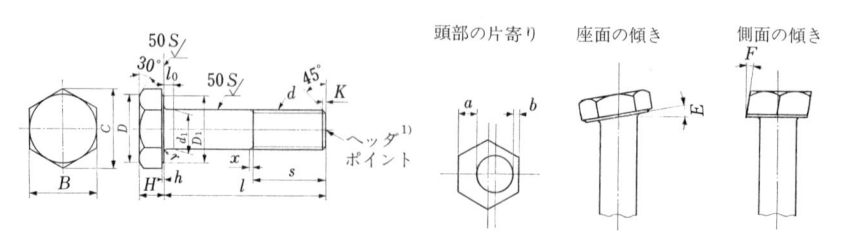

(単位：mm)

ねじの呼び(d)	d_1[2]		H		B		C 約	D 約	D_1 最小	r	K 約	$a-b$ 最大	E 最大	F 最大	h	s	
	基準寸法	許容差	基準寸法	許容差	基準寸法	許容差										基準寸法	許容差
M12	12	+0.7 −0.2	8	±0.8	22	0 −0.8	25.4	20	20	0.8〜1.6	2	0.7	1°	2°	0.4〜0.8	25	+5 0
M16	16		10		27		31.2	25	25			0.8				30	
M20	20		13	±0.9	32	0 −1	37	30	29	1.2〜2.0	2.5	0.9				35	
M22	22		14		36		41.6	34	33			1.1				40	
M24	24	+0.8 −0.4	15		41		47.3	39	38	1.6〜2.4	3	1.2				45	+6 0
M27	27		17		46		53.1	44	43			1.3				50	
M30	30		19	±1.0	50		57.7	48	47	2.0〜2.8	3.5	1.5				55	

ねじの呼び(d)	l 基準寸法																								
	30	35	40	45	50	55	60	65	70	75	80	85	90	95	100	105	110	115	120	125	130	135	140	145	150	155	160	165	170	175	180	190	200	210	220
M12	○	○	○	○	○	○	○	○	○	○	○	○	○	○	○										
M16		○	○	○	○	○	○	○	○	○	○	○	○	○	○	○	○	○							
M20			○	○	○	○	○	○	○	○	○	○	○	○	○	○	○	○	○	○	○				
M22				○	○	○	○	○	○	○	○	○	○	○	○	○	○	○	○	○	○	○	○		
M24				○	○	○	○	○	○	○	○	○	○	○	○	○	○	○	○	○	○	○	○	○	○
M27						○	○	○	○	○	○	○	○	○	○	○	○	○	○	○	○	○	○	○	○
M30							○	○	○	○	○	○	○	○	○	○	○	○	○	○	○	○	○	○	○
l の許容差	±1.0						±1.4													±1.8					

注 1) ねじ端部は，平先または丸先でもよい。
　 2) d_1 の測定位置は，$l_0 ≒ d_1/4$ とする。

付表 14 摩擦接合用高力六角ナットの形状寸法（JIS B 1186）

（単位：mm）

ねじの呼び (d)	おねじの外径	H 基準寸法	H 許容差	B 基準寸法	B 許容差	C 約	D 約	D_1 最小	a-b 最小	E 最大	F 最大	h
M12	12	12	±0.35	22	0 −0.8	25.4	20	20	0.7	1°	2°	0.4～0.8
M16	16	16		27		31.2	25	25	0.8			
M20	20	20		32		37	30	29	0.9			
M22	22	22		36		41.6	34	33	1.1			
M24	24	24	±0.4	41	0 −1	47.3	39	38	1.2			
M27	27	27		46		53.1	44	43	1.3			
M30	30	30		50		57.7	48	47	1.5			

付表15 摩擦接合用高力平座金の形状寸法 (JIS B 1186)

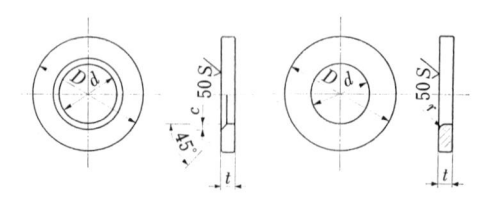

(単位:mm)

座金の呼び	d		D		t		c または r
	基準寸法	許容差	基準寸法	許容差	基準寸法	許容差	約
12	13	+0.7 0	26	0 −0.8	3.2	±0.4	1.5
16	17		32		4.5	±0.5	
20	21	+0.8 0	40	0 −1			2
22	23		44		6	±0.7	
24	25		48				2.4
27	28		56	0 −1.2			
30	31	+1.0 0	60		8		2.8

(備考) 上図には,45°の面取りを行ったもの及び丸み(r)を付けたものを示してあるが,この両者のいずれを用いてもよい。

付表16 フライアッシュの品質 (JIS A 6201)

項目		種類	フライアッシュ I種	フライアッシュ II種	フライアッシュ III種	フライアッシュ IV種
二酸化けい素〔％〕			45.0 以上			
湿分〔％〕			1.0 以下			
強熱減量[1)]〔％〕			3.0 以下	5.0 以下	8.0 以下	5.0 以下
密度〔g/cm³〕			1.95 以上			
粉末度[2)]	45μmふるい残分 (網ふるい法)[3)]〔％〕		10 以下	40 以下	40 以下	70 以下
	比表面積 (ブレーン方法)〔cm²/g〕		5 000 以上	2 500 以上	2 500 以上	1 500 以上
フロー値比〔％〕			105 以上	95 以上	85 以上	75 以上
活性度指数〔％〕		材齢 28 日	90 以上	80 以上	80 以上	60 以上
		材齢 91 日	100 以上	90 以上	90 以上	70 以上

注 1) 強熱減量に代えて，未燃炭素含有率の測定を JIS M 8819 または JIS R 1603 に規定する方法で行い，その結果に対し強熱減量の規定値を適用してもよい。
2) 粉末度は，網ふるい方法またはブレーン方法による。
3) 粉末度を網ふるい方法による場合は，ブレーン方法による比表面積の試験結果を参考値として併記する。

付表17 高炉スラグ微粉末の品質 (JIS A 6206)

品質		高炉スラグ微粉末3000	高炉スラグ微粉末4000	高炉スラグ微粉末6000	高炉スラグ微粉末8000
密度〔g/cm³〕		2.80 以上	2.80 以上	2.80 以上	2.80 以上
比表面積〔cm²/g〕		2 750 以上 3 500 未満	3 500 以上 5 000 未満	5 000 以上 7 000 未満	7 000 以上 10 000 未満
活性度指数〔％〕	材齢 7日	—	55 以上	75 以上	95 以上
	材齢 28日	60 以上	75 以上	95 以上	105 以上
	材齢 91日	80 以上	95 以上	—	—
フロー値比〔％〕		95 以上	95 以上	90 以上	85 以上
酸化マグネシウム〔％〕		10.0 以下	10.0 以下	10.0 以下	10.0 以下
三酸化硫黄〔％〕		4.0 以下	4.0 以下	4.0 以下	4.0 以下
強熱減量〔％〕		3.0 以下	3.0 以下	3.0 以下	3.0 以下
塩化物イオン〔％〕		0.02 以下	0.02 以下	0.02 以下	0.02 以下

付表 18　SI および重力単位系との換算表

（1）　SI 基本単位[1]

量	単位記号(名称)
長さ	m（メートル）
質量[2]	kg（キログラム）
時間	s（秒）
角度	rad（ラジアン）

1) その他，電流，温度など4種がある。角度は補助単位
2) 質量には 1 t＝10^3 kg ＝1 Mg を併用してよい

（2）　おもな SI 接頭語

記号(名称)	倍数
G（ギガ）	10^9
M（メガ）	10^6
k（キロ）	10^3
c（センチ）	10^{-2}
m（ミリ）	10^{-3}
μ（マイクロ）	10^{-6}

（3）　固有の名称を持つ SI 単位(N, Pa)と他の SI 単位

量	単位記号(名称)	他の SI 単位による表記
力	N（ニュートン）	1 N＝1 kg·m/s²
応力，弾性係数	Pa（パスカル）または N/m²（ニュートン毎平方メートル）	1 Pa＝1 N/m²
圧力	Pa	(GPa, MPa, kPa, mPa などと表す)
力のモーメント	N·m（ニュートンメートル）	

（4）　力の単位換算表

N	kgf
1	1.01972×10^{-1}
9.80665	1

（5）　圧力の単位換算表

Pa	kgf/cm²
1	1.0197×10^{-5}
9.80665×10^4	1

1 MPa＝1 N/mm²＝10.197 kgf/cm²

（6）　仕事，エネルギーの単位換算表

J	kgf·m
1	1.01972×10^{-1}
9.80665	1

J：ジュール

索　引

〔あ行〕

足　場	69
アスファルト	139
アスファルト混合物	148
アスファルト乳剤	140,145
圧　延	113
圧延鋼材	113
圧縮強度	5
アニオン乳剤	147
アラミド繊維	184
アリット	16
アルカリ骨材反応	40,90
アルカリシリカ反応	90
アルミナセメント	23
アルミン酸三石灰	16
異形鉄筋	125
異形棒鋼	125
板　石	162
一様伸び	117
一般構造用圧延鋼材	118
引火点	141
インゴット	113
打込み	66
打継目	66

〔え〕

AE減水剤	44
AE剤	43
H形鋼ぐい	130
エコセメント	24
SSW試験	91
エトリンガイト	25,43
エポキシ樹脂	183
エポキシ樹脂塗装鉄筋	127
エマルジョン	105
塩化ビニル樹脂	183
塩化物	39
エングラー度	147
遠心力鉄筋コンクリート管	164
遠心力鉄筋コンクリートくい	172
遠心力プレストレストコンクリートポール	171
エントラップトエア	67,70
エントレインドエア	43,70
オイルガスタール	139
応力度	5
陸　砂	30
オートクレーブ養生	69
温度制御養生	68

〔か〕

外圧管	164
外　皮	155
外部拘束応力	97
開粒度アスファルト混合物	150
化学的作用	89
化学的堆積岩	160
角　石	161
火山岩	159
火成岩	159
可塑剤	184
形　鋼	123
型　枠	69
型枠振動機	67
カチオン乳剤	147
割線ヤング係数	81
加熱アスファルト混合物	149
加熱安定性	141
カプラー	125
ガラス繊維	184
カルシウムサルホアルミネート	25
感温性	142
乾式工法	102
含水状態	31
含水率	33
乾燥クリープ	84
乾燥収縮	85
寒中コンクリート	98

〔き，く，け〕

機械構造用炭素鋼鋼材	136
気乾状態	32
偽凝結	27
基本クリープ	84
ギャップアスファルト混合物	153
キャップド鋼	112
吸水率	33
凝結	27
供試体の形状寸法	72
強制練りミキサ	62
強　度	6
局部伸び	117
巨　石	29
キルド鋼	112
金属材料	185
空気中乾燥状態	32
組合せ暗きょブロック	181
クリープ	7,83
クリープ係数	84
クリープ破壊	7,85
クリープひずみ	7
クリンカー	15
軽荷重スラブ橋用プレストレストコンクリート橋げた	175
けい酸三石灰	16
けい酸二石灰	16
傾胴形ミキサ	62
軽量形鋼	123
軽量骨材の表面乾燥状態	32
下水道用マンホール側塊	178
ケミカルプレストレス	43
ゲル間げき	71
減水剤	44
間知石	162
建築用コンクリートブロック	181

〔こ〕

コア式プレストレストコンクリート管	167
鋼	107
硬　化	27

硬化促進剤	44	材 部	155	**〔す，せ〕**	
鋼管ぐい	130	細粒度アスファルト混合物	150		
鋼管矢板	132	材料の計量	61	ずい心	155
高強度用減水剤	44	材料の分離	46	ずい線	155
鋼ぐい	130	支圧強度	80	水砕スラグ	19
鋼 材	107	試験方法の影響	76	水和生成物	25
——の腐食	91	自己収縮	86	水和熱	26
——のヤング係数	117	自己充てん性	100	水和反応	25
硬 材	156	止水板	183	ストレートアスファルト	
合成樹脂	182	湿式工法	102		140, 142
高性能 AE 減水剤	44	湿潤状態	32	砂	29
高性能減水剤	44	湿潤養生	68	スラグ細骨材	30
鋼 帯	123	実積率	37	スラッジ水	40
鋼 板	118	CT形鋼	124	スラブ	112
降 伏	5	始 発	27	スランプ	52
鉱物質微粉末	42	支保工	69	スランプ試験	46
高分子物質	182	締固め	67	スランプフロー試験	100
鋼矢板	132	砂 利	29	製 鋼	110
高流動コンクリート	100	シャルピー衝撃値	118	製 銑	109
高炉スラグ粗骨材	30	ジャンカ	48	生物源堆積岩	160
高炉セメント	20	シュート	66	セイボルトフロール秒 142, 147
骨 材	11	終 結	27	せき板	69
骨材被膜度	148	重 合	182	積算温度	75
コールタール	139	充てん材	184	石油アスファルト	139
コールドジョイント	67	樹 皮	155	石油アスファルト乳剤	145
コンクリート	11	主要化合物	17	絶乾状態	32
コンクリートL形	170	瞬 結	25	絶乾密度	34
コンクリート境界ブロック	177	純 鉄	108	設計基準強度	73
コンクリート積みブロック	179	常温アスファルト混合物	149	接線ヤング係数	80
コンクリートバケット	65	蒸気養生	68	絶対乾燥状態	32
コンクリートプレーサ	66	蒸発後の針入度比	141	セミキルド鋼	112
コンクリートポンプ	65	蒸発残留分	148	セメント	13
コンクリート矢板	175	蒸発質量変化率	141	——の強さ	28
混合セメント	19	初期接線ヤング係数	81	——の密度	26
コンシステンシー	45	初期凍害	76	セメントゲル	25
混和剤	41	暑中コンクリート	99	セメント・骨材反応	90
混和材	41	ショットクリート	102	セメントコンクリート	11
混和材料	41	シリカセメント	21	セメント混合性	148
		シリカフューム	42	セメントペースト	11
〔さ，し〕		人工軽量骨材	31	セリット	16
載荷速度	77	心 材	155	繊維飽和点	157
細骨材	29	深成岩	159	繊維補強コンクリート	105
細骨材率	57	伸 度	141	潜在水硬性	20, 42
砕 砂	30	針入度	140	せん断強度	5, 79
再生棒鋼	127	針入度指数	142	せん断弾性係数	6, 82
砕屑堆積岩	160			銑 鉄	108

索　引

〔そ〕

線膨張係数	118
早強ポルトランドセメント	18
相対動弾性係数	53,82
増粘剤系高流動コンクリート	101
粗骨材	29
——の最小寸法	104
——の最大寸法	36,52
塑　性	6
粗　石	29
速硬エコセメント	24
粗粒度アスファルト混合物	150
粗粒度骨材混合性	148
粗粒率	35

〔た，ち，つ〕

タール	139
耐久性	8,86
耐久性指数 DF	89
堆積岩	159
耐硫酸塩ポルトランドセメント	19
だれ長さ	141
単位水量	51,57
単位セメント量	52,57
単位容積質量	37
炭酸化	92
弾　性	5
弾性係数	80
炭素繊維	184
鍛　鉄	107
ダンプトラック	65
鍛　錬	114
遅延剤	44
鋳　鋼	136
中性化	91
鋳　造	114
鋳　鉄	107,108,136
中庸熱ポルトランドセメント	18
調　質	115
超早強ポルトランドセメント	18
超速硬セメント	24

〔て，と〕

直接せん断強度	79
貯蔵安定度	148
土まじり骨材混合性	148
低アルカリ形	17
低熱ポルトランドセメント	19
Davis-Granville の法則	84
鉄アルミン酸四石灰	16
鉄筋コンクリート L 形	170
鉄筋コンクリート管	163
鉄筋コンクリート組立土止め	175
鉄筋コンクリートケーブルトラフ	178
鉄筋コンクリートフリューム	168
鉄筋コンクリートベンチフリューム	168
鉄筋コンクリート U 形	167
鉄筋コンクリート用棒鋼	125
鉄鉱石	108
転　移	24
電気炉	111
天然アスファルト	139
転　炉	111
凍　害	87
凍結安定度	148
動弾性係数	81
動粘度	142
等辺山形鋼	123
動力式ミキサ	62
動力変成岩	160
道路橋用プレストレストコンクリート橋げた	172
道路用鉄筋コンクリート側溝	168
特殊セメント	23
トベルモライト	25
トラックアジテータ	64
トルエン可溶分	141
トルク係数値	134

〔な行〕

内圧管	164
内　皮	155

索引

内部拘束応力	85,97
夏　材	156
軟化点	140
軟　材	156
2 軸ミキサ	63
尿素樹脂	183
ねじふし異形鉄筋	125
熱可塑性プラスチック	182
熱間圧延	113
熱間圧延鋼矢板	132
熱硬化性プラスチック	182
熱処理	114
熱変成岩	160
練返し	64
練直し	66
練混ぜ	61,63
ノニオン乳剤	147
伸　び	116

〔は，ひ〕

配合強度	55
ハイテンボルト	135
白色ポルトランドセメント	19
薄膜加熱質量変化率	141
薄膜加熱後の針入度残留率	141
バタリング	64
バッチ	61
バッチミキサ	61
バッチャープラント	61
春　材	156
半深成岩	159
引抜き	114
微細物質	38
PC 鋼線	128
PC 鋼棒	127
PC 鋼より線	128
PC 用シース	130
ひずみ	5
引張強度	4,78
ビニロン繊維	185
比表面積	27
表乾状態	32
表乾密度	34
標準砂	28
表面乾燥飽水状態	32
表面水率	33

211

平鋼	123	Whitneyの法則	84	山砂	30	
ビレット	112	棒形内部振動機	67	ヤング係数	6,80	
疲労強度	80	防水工事用アスファルト		ヤング係数比	81	
〔ふ，へ，ほ〕			140,144	有害物質	38	
		膨張材	42	有機不純物	39	
フィニッシャビリティー	46	膨張性アルカリ炭酸塩反応	90	有効吸水率	33	
フィラー	149	舗装用コンクリート平板	177	有孔材	156	
フェノール樹脂	183	舗装用石油アスファルト	149	ゆ着強度	80	
フェロニッケルスラグ	30	ポゾラン	21,42	溶鉱炉	109	
吹付けガン	102	ポゾラン反応	22,42	養生	68	
吹付けコンクリート	102	ポリエステル樹脂	183	養生温度	75	
ふし	125	ポリエチレン樹脂	183	溶接構造用圧延鋼材	120	
付着度	147	ポリマー	182	溶接構造用耐候性熱間圧延鋼材		
普通ポルトランドセメント	18	ポリマー含浸コンクリート	104		120	
普通エコセメント	24	ポリマーコンクリート	104	呼び強度	95	
不等辺不等厚山形鋼	123	ポリマーセメントコンクリート		〔ら行〕		
不等辺山形鋼	123		104			
フラース脆化点	141	ポリマーディスパージョン	105	リブ	125	
フライアッシュ	42	ポルトランドセメント	13,15	リベット	135	
フライアッシュセメント	22	〔ま行〕		リムド鋼	112	
プラスチック	182			流動化剤	44	
プラスチックシース	130	曲げ強度	78	粒度	34	
ブリーディング	49	摩擦接合用高力ボルト	133	粒度曲線	35	
ふるい残留分	147	マスコンクリート	96	リラクセーション	7	
ブルーイング	128	豆板	48	リラクセーション率	8	
ブルーム	112	水	40	冷間圧延	113	
プレウェッティング	51	水セメント比	54	冷間引抜き	114	
フレッシュコンクリート	28	密粒度アスファルト混合物	150	レイタンス	50	
プレテンション方式遠心力高		密粒度ギャップアスファルト		歴青	139	
強度プレストレストコンクリ		混合物	150	レジンコンクリート	104	
ートくい	172	密粒度骨材混合性	148	劣化	8,86	
プレパックドコンクリート	103	無筋コンクリート管	163	レディーミクストコンクリート		
不連続粒度	35,104	無孔材	156		93	
ブローンアスファルト	140,142	毛管空げき	71	連続鋳造	112	
粉体系高流動コンクリート	101	木材	154	連続練りミキサ	63	
粉末度	26	――の構造	155	錬鉄	107	
併用系高流動コンクリート	101	モノマー	105	ローマンセメント	13	
平炉	111	モルタル	28	〔わ〕		
ベリット	16	〔や行〕				
ベルトコンベヤ	66			ワーカビリティー	45	
辺材	155	焼入れ	114	割石	162	
変成岩	160	焼なまし	115	割ぐり石	162	
ポアソン数	7	焼ならし	115			
ポアソン比	7,82	焼戻し	114			

索　　　　　　　　引　　**213**

[A]

absorption water	158
accelerator	44
acrylic resin	184
additive mineral	41
admixture	40,41
admixture mineral	41
AE water reducing agent	44
aggregate	11
air content	52
air-dry state	32
alkali aggregate reaction	40,90
alkali-silica reaction	90
angle	124
anionic emulsion	147
annealing	115
annual ring	156
aramid fiber	185
artificial light-weight aggregate	31
asphalt concrete	149
asphalt emulsion	140
asphalt	139
austenite	108
autoclave curing	69
autogenous shrinkage	86

[B]

batching plant	61
batch mixer	62
bearing strength	80
billet	112
bitumen	139
blast-furnace slag coarse aggregate	30
bleeding	26,49
bloom	112
blown asphalt	140
blueing	129
boulder	29
broken stone	162
bulb plate	124
buttering	64

[C]

capillary pore	70
capped steel	112
carbon fiber	184
carbonation	92
carbon equivalent	120
casting	114
cast iron	136
cast steel	136
cement content	51
cement gel	25
cement paste	11
cement-aggregate reaction	90
cement	11
channel	124
Charpy impact strength	118
chemical admixture	41
chemical prestress	43
chute	66
clay	14
clinker	14
coal tar	139
coarse aggregate	29
cobble	29
coefficient of linear expansion	118
cold drawing	114
cold joint	67
cold rolling	113
cold weather concreting	98
compaction	67
compressive strength	17,5
concrete bucket	65
concrete placer	65
concrete pump	65
concrete	11
consistency	45
construction joint	66
continuous casting	112
continuous mixer	63
conversion	24
coupler	125
creep failure	85
creep	7,83
crushed sand	30
crushed stone	30
curing	68
cut-back asphalt	140
Cut-T section	124

[D, E]

deformed bar	125
density	26,33
deterioration	8,86
direct shear strength	79
double shaft pugmill mixer	63
drawing	114
drying shrinkage	85
dry mix process	102
dump truck	65
durability factor	89
durability	8,86
dynamic Young's modulus	81
effective absorption	33
ecocement	24
elasticity	5
elongation	117
emulsion	105
entrained air	43
entrapped air	67
epoxy coated bar	127
epoxy resin	183
ettringite	25,43
expansive admixture	42
expansive alkali-carbonate reaction	90

[F, G]

false set	27
fatigue strength	80
fiber reinforced concrete	105
fiber saturation point	157
field mix	50
filler	149,184
final setting	27
fine aggregate	29
fineness modulus	35
fineness	26
finishability	45
flash setting	25

flat steel	123	initial tangent Young's modulus	81	**[P]**	
fly ash	42	internal vibrator	67	PCC	104
forced mixing type mixer	62	**[K, L]**		percentage of absolute volume	37
forging	114				
form vibrator	67	kationic emulsion	145	perlite	108
form	69	killed steel	112	petroleum asphalt	139
free water	158	laitance	50	phenol resin	183
fresh concrete	28	latent hydraulic property	20, 42	PIC	104
frost damage	87			pig iron	108
gage length	117	latex	105	pith ray	155
gap grading	35	light gauge section steel	123	pith	155
gel pore	71	limestone	14	placing	66
glass fiber	185	low heat Portland cement	17	plasticity	6
grading chart	35	lug	125	plasticizer	44, 184
grading	34	**[M]**		plastics	182
gravel, sand	29			plastic	182
gravity type mixer	62	macromolecular material	182	plate stone	162
[H, I]		mass of unit volume	37	Poisson's number	7
		maturity	75	Poisson's ratio	7, 82
hardening, quenching	114	maximum size of coarse aggregate	36	poker	67
hardening	27			polyester resin	183
hard wood	156	metamorphic rock	159	polyethylene resin	183
H beam	124	mixer	62	polymer concrete	104
heart wood	155	mixing	62	polymer dispersion	105
heat of hydration	26	moderate heat Portland cement	17	polymer impregnated concrete	104
heat treatment	114				
heavy-weight aggregate	31	modulus of rididity	82	polymerization	182
high fluidity concrete	100	modulus of rigidity	6	polymer-cement concrete	104
high polymer	182	modulus of rupture	78	polymer	182
high-alumina cement	23	moist curing	68	polyvinyl alcohol fiber	185
high-early-strength Portland cement	15	moisture content	33	polyvinyl chloride resin	183
		moisture state	31	pop out	91
high-range AE water reducing agent	44	monomer	105	Portland fly-ash cement	19
		mortar	28	Portland blast-furnace slag cement	19
high-range water reducing agent	44	**[N, O]**			
				Portland cement	13
high-tensile bolt	133	nonionic emulsion	147	Portland pozzolan cement	19
honeycomb	48	normalizing	115	Pozzolanic reaction	21, 42
hot rolling	113	normal Portland cement	15	pozzolan	21, 41
hot weather concreting	99	nut	133	prepacked concrete	103
hydration reaction	25	oil gas tar	139	prepolymer	105
I beam	124	ordinary Portland cement	15	prestressing bar	127
igneous rock	159	organic impurities	39	prestressing strand	127
ingot	113	oven-dry state	32	prestressing wire	127
initial frost damage	76			prewetting	51
initial setting	27				

proof stress	116	
pulverized fuel ash	42	

[R]

ready mixed concrete	93
recycled aggregate	31
REC	104
reduction of area	117
regulated-set cement	24
reinforcement	125
reinforcing bar	125
relative dynamic modulus of elasticity	82
relaxation	7
remixing	66
required average strength	55
rerolled bar	127
resin concrete	104
retarder	44
retempering	64
rib	125
rimmed steel	112
rivet	135
rolling	113
Roman cement	13
rubble	162

[S]

sand percentage	57
sap wood	155
saturated surface-dry state	32
scaffolding	69
secant Young's modulus	81
section steel	123
sedimentary rock	159
segregation	46

self compacting concrete	100
semikilled steel	112
separation	46
set	27
shape steel	123
shearing strength	5
sheathing	69
sheath	130
shotcrete	102
silica fume	42
slab	112
slag fine aggregate	30
sludge water	40
slump test	46
soft wood	156
solid volume percentage	37
specific surface	27
specified strength	55
spring wood	156
square stone	161
SSW test	91
steam curing	68
steel pile	130
steel sheet-pile	132
steel	107
stell plate	118
stone	159
straight-run asphalt cement	140
strain	5
strength	6, 28
stress	5
stretching	127
sulfateresisting Portland cement	17
summer wood	156
superplasticizer	44

support	69
surface moisture	32, 33
synthetic resin	182

[T, U, V]

tar	139
T beam	124
tempering	115
tensile strength	4, 78
thermoplastics	182
thermosetting plastics	182
tilting mixer	62
timber	154
tobermorite	25
Trinidad	139
truck agitator	64
ultra high-early-strength Portland cement	15
urea resin	183
velt conveyer	66
vinylon fiber	185

[W, Y]

washer	133
water absorption	33
water cement ratio	55
water content	33
water content	51
water reducing agent	44
water stop	183
wet mix process	102
wet state	32
white Portland cement	17
workability	45
yield stress	116
yield	5
Young's modulus	6, 80

―― 著 者 略 歴 ――

1963年　東北大学工学部土木工学科卒業
1965年　東京大学大学院修士課程修了
1965年　首都高速道路公団
1973年　東北大学助教授
1980年　工学博士
1981年　東北大学教授
1986年　英国リーズ大学客員教授 (1987年まで)
2004年　東北大学名誉教授
主要著書：「鋼合成けた橋の設計計算」（共著：山海堂）
　　　　　「土木工学マニュアル」（共著：近代図書）
　　　　　「特殊コンクリート」（共著：土木学会）
　　　　　「コンクリート工学Ⅱ（設計）」（共著：彰国社）
　　　　　「ネビルのコンクリートバイブル」（訳書：技報堂出版）

土木材料学（改訂版）
Construction Materials for Civil Engineering　　　© Takashi Miura　1986

1986 年 12 月 25 日　初版第 1 刷発行
2000 年 5 月 30 日　初版第 11 刷発行 (改訂版)
2017 年 4 月 10 日　初版第 19 刷発行 (改訂版)

検印省略

著　者　三　浦　　　尚
発行者　株式会社　コロナ社
　　　　代表者　牛来真也
印刷所　富士美術印刷株式会社
製本所　牧製本印刷株式会社

112-0011　東京都文京区千石4-46-10
発行所　株式会社　コロナ社
CORONA PUBLISHING CO., LTD.
Tokyo Japan

振替 00140-8-14844・電話 (03) 3941-3131 (代)
ホームページ　http://www.coronasha.co.jp

ISBN 978-4-339-05066-0　C3351　Printed in Japan　　　　　（藤田）

<JCOPY> <出版者著作権管理機構　委託出版物>
本書の無断複製は著作権法上での例外を除き禁じられています。複製される場合は，そのつど事前に，出版者著作権管理機構（電話 03-3513-6969，FAX 03-3513-6979，e-mail: info@jcopy.or.jp）の許諾を得てください。

本書のコピー，スキャン，デジタル化等の無断複製は著作権法上での例外を除き禁じられています。購入者以外の第三者による本書の電子データ化及び電子書籍化は，いかなる場合も認めていません。
落丁・乱丁はお取替えいたします。